UWE
KOCH

EIS
MANUFAKTUR

Basics
Rezepturen
Marketing

MATTHAES

ERDBEERE
LAKTOSEFREI
BITTER LEMON
LAKTOSEFREI
WALDFRUCHT
LAKTOSEFREI
WALNUSS
MANGO
LAKTOSEFREI

SEHR GEEHRTE LESERIN UND SEHR GEEHRTER LESER,

nach über 20 Jahren Erfahrung in meiner Eisfachschule und mehr als 15 Jahren, in denen mein Eisbuch mittlerweile auf dem Markt ist, halten Sie nun diese neue und komplett überarbeitete Ausgabe in den Händen. In den letzten Jahren hat sich viel verändert. Es ist nicht nur eine Vielzahl neuer Rohstoffe auf den Markt gekommen, auch das Verhalten des Konsumenten hat sich stark gewandelt: Er ist anspruchsvoller geworden. Dem muss der moderne Speiseeishersteller gerecht werden, um erfolgreich am Markt bestehen zu können.

Zunächst einmal kann Speiseeis durch einfache physikalische Analysen berechnet und problemlos hergestellt werden. Eine fundierte Analyse der Inhaltsstoffe bestimmt die Textur des Eises, also Konsistenz, Gefrierverhalten, Süße und Cremigkeit. Dies aber gilt nicht für den Geschmack. Für den qualifizierten Eismacher ist daher ein umfangreiches Basiswissen, gesunde Neugier, Kreativität und natürlich Übung im Umgang mit unterschiedlichsten Lebensmitteln erforderlich, um immer wieder neue Geschmackserlebnisse schaffen zu können.

Dabei muss er sich jedoch verschiedensten Herausforderungen stellen. So werden den Rohstoffen des alltäglichen Bedarfs heute immer mehr Zusatzstoffe zugegeben, deren Auswirkungen und vielleicht sogar gesundheitsschädliche Nebenwirkungen der Allgemeinheit nicht bekannt sind. Wozu dient zum Beispiel das Verdickungsmittel Carrageen in frischer Sahne? Eine kritische und sorgfältige Auswahl der Rohstoffe muss demnach oberste Prämisse sein. In diesem Buch finden zudem keinerlei Convenience-Produkte Verwendung. Auch auf Farbstoffe, Emulgatoren und pflanzliche Fette wird vollständig verzichtet. Sowohl in meiner Eisfachschule als auch in unserem Café erhalten die Gäste und Seminarteilnehmer nur eigens verarbeitete, hochwertige und natürliche Produkte.

Sie, liebe Leser, erwartet die Lektüre eines Fachbuches, das spannend, informativ und kreativ zugleich ist. Spannend, weil Sie die Erfahrung machen werden, dass Eis ein Produkt ohne Limit ist; informativ, weil mit vielen Allgemeinplätzen aufgeräumt wird; und kreativ, weil Sie ganz neue Eissorten aus den ungewöhnlichsten Zutaten kennenlernen werden.

Viel Spaß und kreative Stunden
bei der Eisproduktion wünscht Ihnen

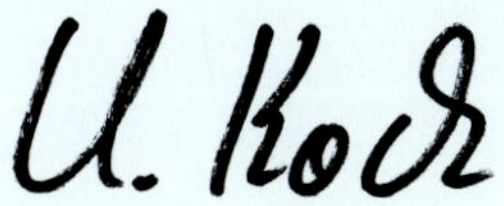

Uwe Koch

INHALT

01 **BASISWISSEN ÜBER EIS UND DIE BRANCHE** 9

GESCHICHTE DES SPEISEEISES 10

DIE MARKTSITUATION 11
Eis – ein Ganzjahresgeschäft 13
Der Gesundheitswert von Speiseeis 13

LEITSÄTZE FÜR SPEISEEIS UND SPEISEEISHALBERZEUGNISSE 14
Die Kennzeichnung von unverpacktem Speiseeis 14

WAS VERSTEHT MAN UNTER SPEISEEIS? 19
Fruchteis und Sorbets 19
Säure im Fruchteis 23

02 **BESTANDTEILE, GESCHMACKSZUTATEN, VERARBEITUNGSMETHODEN** 25

DIE BESTANDTEILE 27
Wasser 27
Trockenmasse 28
Luft 29
Milch 29
Füllstoffe: Magermilchpulver, Vollmilchpulver und Inulin 30
Zucker 32
Honig und andere natürliche Süßungsmittel 35
Fette 36
Eier 37
Bindemittel und Stabilisatoren 39
Emulgatoren 42
Zusatzstoffe 43

GESCHMACKSZUTATEN 45
Vanille 45
Kakao/Schokolade 45
Früchte und Fruchtprodukte 46
Nüsse, Mandeln & Co. 47
Sauermilchprodukte 47
Kräuter und Gemüse 47
Gewürze 48
Alkoholische Getränke 48
Aromen 48

DIE VERARBEITUNG 50
Methoden der Eisherstellung 50
Methoden der Pasteurisation 52
Der Gefriervorgang 57
Reinigung und Desinfektion der verwendeten Geräte 58

03 PRODUKTIONSTECHNIK UND EISLABOR 61

PRODUKTIONSTECHNIK 62
Traditionelle Vertikalmaschine 62
Moderne Vertikalmaschine 63
Horizontale Eismaschine 64
Frozen Joghurt und Softeismaschine 65
Industriemaschine (Continuous Freezer) 66
Pasteurisierer 67
Reifewanne 67
Vom Pasteurisieren zum Gefrieren 67
Zubehör und Arbeitsmaterial 68
Produktionsabläufe der Eisherstellung – Schritt für Schritt 70

DAS EISLABOR 72
Ordnungsgemäße Kleidung 72
Einrichtung 72

04 BILANZIERUNG, REZEPTUREN, EISDESSERTS UND EISBECHER 79

BILANZIERUNG 80
Der Vorgang des Bilanzierens 84
Bilanzieren mit einem Analyse-Programm 88

VANILLE & VARIANTEN 90

SCHOKOLADE 96

NUSS & CO. 104

SAUERMILCH 116

FRUCHTEIS & SORBETS 126

GEMÜSE 139

GEWÜRZE, KRÄUTER & HOCHWERTIGE ÖLE 144

EIS MIT ALKOHOL 156

KLASSIKER & MODERNE VARIANTEN 164

LAKTOSE- UND KUHMILCHFREIES EIS 180

TABELLEN FÜR DIE HERSTELLUNG VON EISMIXEN MIT HILFE DES PASTEURISIERERS 186

SOFTEIS 188

VARIEGATI 192

EISTORTEN 200

EISBECHER 208
Fruchtsaucen und Toppings 208
Hinweise zur Gestaltung von Eisbechern 211
Zubereitung eines Eisbechers 212
Außergewöhnlich gestaltete Eisbecher 212
Rezeptur Waffelkörbchen 212
Milchshakes 215
Eisdesserts 216
Eisbecher 220

05 BIO-EIS, MARKETING UND BETRIEBSWIRTSCHAFT 229

BIO-EIS 230
Warum Bio? 230
Kosten und Aufwand 231
Welche Biosiegel gibt es? 231
Die Umsetzung der Zertifizierung 233

MARKETING 237
Die Eisvitrine 238
Der optimale Standort der Eisvitrine 241
Eissorten und Gestaltung der Eisvitrine 243

BETRIEBSWIRTSCHAFTLICHE ASPEKTE 245
Kalkulationsbeispiele 245
Ausbeute 247
Die Investitionskosten 248
Tipps für den Maschinenkauf 249
Ausstellungen und Fachmessen 249

06 HYGIENE, HACCP-KONZEPT UND MERKBLÄTTER 251

DAS HACCP-KONZEPT (EIGENKONTROLLMASSNAHMEN) 252
Mögliche Gefahrenzonen im Eislabor 252
Merkblätter ab 259
Gesetze und Verordnungen 275

07 ANHANG 277

FEHLERANALYSE 278

GLOSSAR DER FACHBEGRIFFE 281

REGISTER EISREZEPTUREN 283

BEZUGSQUELLEN 284

DANKE 286

PORTRAIT VON UWE KOCH UND SEINER EISFACHSCHULE 287

IMPRESSUM 288

Amarone

01

BASISWISSEN ÜBER EIS UND DIE BRANCHE

GESCHICHTE DES SPEISEEISES

Es wird wohl niemals erschöpfend geklärt werden können, wer tatsächlich der Erfinder des Speiseeises war. Verschiedene Länder beanspruchen für sich, die ersten Eishersteller gewesen zu sein. Beweisbar sind eisähnliche Speisen, die im alten China bereits vor mehr als 3.000 Jahren hergestellt worden sind.

Auch Marco Polo (1254-1324) soll von einer seiner Reisen Rezepturen für Eis mit nach Italien gebracht haben. Bekannt sind einige Berichte von römischen Kaisern und verschiedenen Königshöfen über den Genuss dieser kalten Speise. Jene Eissorten bestanden vermutlich aus stark gekühlten Fruchtsäften oder zerdrückten Früchten und könnten seinerzeit mit Schnee oder Eisstückchen vermischt gewesen sein. Hierbei handelte es sich wohl eher um Produkte, die dem heute bekannten „Sorbet" ähneln. Auch der griechische Arzt Hippokrates (460-375 v. Chr.) soll das Eis als eine Art Medizin bezeichnet und dessen Gesundheitswert gelehrt haben.

Catarina de Medici, die 1533 nach Frankreich ging und dort den französischen Thronfolger heiratete, hat wahrscheinlich die Verbreitung des Speiseeises über ganz Europa ausgelöst. Sie brachte einen sogenannten Gelatiere („Eismacher") aus Italien mit an den Hof des späteren Königs Heinrich II. Von hier aus verbreitete sich das Eis zuerst in Paris und Umgebung, um im Laufe der Zeit auch nach England, Deutschland und sogar nach Amerika zu gelangen. Eine Kühlung im heutigen Sinne gab es damals noch nicht. Die benötigte Kälte wurde produziert, indem dem Roheis (gefrorenes Wasser) Salz zugesetzt wurde und so niedrigere Temperaturen zum Kühlen erzeugt werden konnten. Hieraus entwickelte sich eine Art doppelwandige Gefrierbüchse, in der der flüssige Eismix durch Rühren mit einem Holzspachtel langsam gefroren werden konnte.

Revolutioniert wurde die Eisherstellung durch die Erfindung der Kühlmaschine. Diese wird dem Engländer Dr. William Call zugeschrieben. Bahnbrechend gelang Michael Faraday (1791-1867) die entscheidende Ammoniakverflüssigung. Bis heute basieren die modernen Speiseeismaschinen auf diesem System.

DIE MARKTSITUATION

Die handwerkliche Eisherstellung beläuft sich derzeit (Stand 2010) auf etwa 19 Prozent des gesamten Jahresumsatzes des nationalen Speiseeismarktes. Die restlichen 81 Prozent teilen die deutschen Markeneishersteller der industriellen Speiseeisproduktion unter sich auf. Der Gesamtumsatz an industriell hergestelltem Speiseeis belief sich 2010 auf 1,92 Mrd. Euro bei einer Absatzmenge von etwa 499 Millionen Litern.

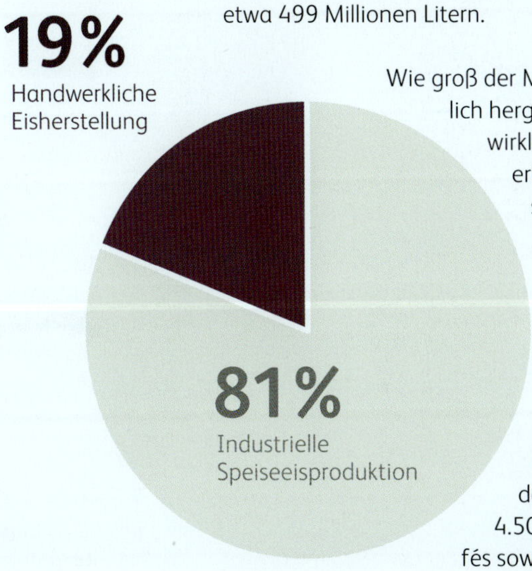

Wie groß der Markt für handwerklich hergestelltes Speiseeis wirklich ist, wird leicht erkennbar, wenn man sich die Zahl der produzierenden Speiseeishersteller einmal genauer ansieht. Konkrete Zahlen hierzu gibt es im handwerklichen Bereich leider nicht. Trotzdem kann man etwa 4.500 italienische Eiscafés sowie etwa 2.500 Konditoreien, von denen allerdings nur etwa 30 Prozent eigenes Speiseeis erzeugen, als handwerkliche Eishersteller bezeichnen. Hinzu kommen die deutschen Eiscafébetreiber sowie die Produzenten von Softeis (etwa 3,9 Prozent des handwerklichen Marktes). Unbekannt ist der Anteil der in der Gastronomie tätigen Speiseeisproduzenten, denn auch die Hersteller von Parfaits und Sorbets fallen unter den Begriff der handwerklichen Speiseeishersteller. Es stellt sich die Frage, warum die Speiseeisindustrie derart große Anteile an diesem Markt für sich beansprucht und die früher wesentlich zahlreicher vertretenen handwerklichen Eishersteller so stark verdrängt hat.

Hierfür gibt es eine Reihe von Gründen. Der wohl am häufigsten genannte ist ein nicht ausreichender Absatz von selbst produziertem Eis. Die vergleichsweise großen Investitionen für eine Eismaschine mit Zubehör sowie die lebensmittelrechtlich optimale hygienische Ausstattung der benötigten Räumlichkeiten stellen eine hohe Hemmschwelle dar. Ein weiterer Grund ist das außerordentlich gute Marketing der Industrie. Den Cafébetreibern und Gastronomen werden Verkaufshilfen, Speiseeisvitrinen, Thekenaufsteller und Werbemittel – teilweise sogar kostenlos – zur Verfügung gestellt. Dies wird über zeitgebundene Liefer- und Abnahmeverträge abgesichert, sodass der Kunde für eine gewisse Laufzeit an diesen Zulieferer gebunden ist und die Zugaben indirekt mitfinanziert.

Unter diesen Voraussetzungen gilt es abzuwägen, ob man bei geringem Eisumsatz besser ein qualitativ hochwertiges Industrieeis vertreibt, als kleine Mengen vergleichsweise aufwendig selbst herzustellen. Das Kapitel „Betriebswirtschaftliche Aspekte“ ab Seite 245 in diesem Buch beschäftigt sich deshalb mit der Frage, ab welchen Absatzmengen sich eine eigene Produktion als rentabel erweisen kann.

Zu den bereits genannten Gründen für einen Zukauf von Industrieware zählt außerdem die häufig fehlende fachliche und ernährungsphysiologische Ausbildung der Speiseeishersteller, die das unverzichtbare Fundament für qualitativ hochwertiges handwerkliches Speiseeis bildet. Darüber hinaus unterliegen viele Speiseeishersteller der irrigen Auffassung, Eis werde nur während der Sommermonate konsumiert und der entsprechende Umsatz bliebe im Winter aus. Wäre dies der Fall, würde die Speiseeisindustrie nicht etwa 35 Prozent ihres Gesamtjahresumsatzes in den kalten Monaten, also zwischen November und April erzielen. Außerdem gäbe es keinen Eiskonsum in den kalten Regionen der Erde. Es ist jedoch erwiesen, dass in Finnland (Jahresdurchschnittstemperatur +5 °C) Europas stärkste Eisesser leben und nicht, wie häufig angenommen, in südlicheren Regionen wie Italien oder Spanien. Um dieser Tatsache Rechnung zu tragen, ist es notwendig, ein verbrauchergerechtes Eis anzubieten. Dazu muss lediglich ein Teil der Zutaten geändert werden, um ebenso attraktive Eissorten anbieten zu können wie im Sommer.

Die folgende Tabelle zeigt Europas „Eishierarchie“:

PRO-KOPF-VERZEHR IM JAHR

1	FINNLAND	**12,9** Liter
2	NORWEGEN	**11,2** Liter
3	SCHWEDEN	**10,4** Liter
4	DÄNEMARK	**7,6** Liter
5	DEUTSCHLAND	**6,1** Liter *
6	ITALIEN UND FRANKREICH	je **6** Liter
7	GRIECHENLAND	**5,8** Liter
8	BELGIEN	**5,4** Liter
9	NIEDERLANDE	**5,2** Liter
10	SPANIEN	**4,8** Liter

* plus vermutlich 1,6 Liter handwerkliches Speiseeis

Quelle: E.I.S. Eis Info Service, erfasst wurde der industrielle Pro-Kopf-Verbrauch 2010

Tatsächlich unterscheiden sich die Zusammensetzungen und Rezepturen der verschiedenen Länder. Auf meinen zahlreichen Auslandsreisen konnte ich grundsätzlich feststellen, dass sich die Eissorten in wärmeren Ländern im Wesentlichen durch einen etwas höheren Zuckergehalt und in den kälteren Ländern durch einen etwas höheren Fettgehalt auszeichnen. Dieses Phänomen geht sogar so weit, dass ein deutscher Urlauber schon in Spanien, Süditalien oder Griechenland viele der angebotenen landestypischen Süßspeisen als zu süß empfindet. In Wirklichkeit ist der Einsatz von aufgelöstem Zucker in einer Speise oder einem Getränk ein Energiespender und dient auch als Wasserreservoir im Körper. Zucker ist, genau wie Salz, hygroskopisch, das heißt wasseranziehend, wasserbindend. Das ist ein Grund, warum bei einer Diät auf Zucker und Salz weitgehend verzichtet werden sollte: um die Wasserspeicher im Körper zu reduzieren. Aber in heißen Ländern dient der höhere Zuckergehalt der Speisen auch dazu, das getrunkene Wasser länger im Körper zu speichern.

Der am schnellsten energiespendende Zucker ist der Traubenzucker, denn er ist ein Einfachzucker und kann durch den Körper sehr schnell abgebaut werden. Weil in südlichen Regionen Energie nicht so sehr zum Warmhalten des Körpers gebraucht wird als zur Erbringung einer Leistung, ist hier eine kurzfristig verfügbare hohe Energie wichtiger als eine langfristige. Dafür wird unbewusst der Zucker als Lieferant eingesetzt. Anders verhält sich dies in kalten Regionen. Dort wird das Fett als Energielieferant benötigt, da es länger anhaltend Energie liefert. Hinzu kommen natürlich lang eingeführte Ernährungs- und Geschmacksgewohnheiten in den verschiedenen Regionen.

Somit lässt sich eine pauschale Regel für die gesamte Speiseeisherstellung ableiten. Je wärmer die Region, umso mehr Zucker wird dem Eis zugegeben. Je kälter die Region, desto mehr Fett wird verwendet. Für den Eishersteller in Mitteleuropa bedeutet dies eine Abwandlung der üblichen Eisrezeptur bei Änderung der Klimaverhältnisse. Im Sommer sollte der Eishersteller mehr Zucker und weniger Fett einsetzen, im Winter seiner Rezeptur einige Prozent mehr an Fett zugeben. Der Kunde wird die Veränderung nicht bewusst wahrnehmen. Dennoch erzeugen solche saisonalen Rezeptveränderungen beim Verzehr ein wohliges Gefühl, da der Körper bei der Verarbeitung eines so optimierten Speiseeises weniger Arbeit beim Verdauungsprozess hat. Im Kapitel 2 ab Seite 24 wird ausführlich auf dieses Thema eingegangen, da fundiertes Wissen zu diesen Aspekten ein Garant für ganzjährigen Absatz und kundenorientiertes Produktmanagement ist.

EIS – EIN GANZJAHRESGESCHÄFT

Wer also auch im Winter seine Kunden mit der kühlen Gaumenfreude verwöhnen möchte, sollte auf die Verbraucherwünsche eingehen. Im Winter sind keine allzu kalten oder sehr erfrischenden Eissorten wie Fruchteis, Sorbets oder auch Joghurteis gefragt, sondern eher die fetthaltigeren, dunklen Sorten wie Schokolade, Hasel- und Walnuss, Mandel, Marzipan, Zimt usw. Diese Sorten, verbrauchergerecht in einem attraktiven Eisbecher zusammengestellt oder auch zum Mitnehmen einzeln verpackt, garantieren auch im Winter ein umsatzstarkes Geschäft. Der Eisproduzent muss sich dem Angebot der Industrie anpassen. Er sollte ansprechende Verpackungsmöglichkeiten anbieten, damit der Kunde das Eis leicht nach Hause transportieren kann und es bei nasskaltem Wetter nicht im Freien verzehren muss. Immer mehr Manufakturen bedienen sich kleinerer oder größerer Eisbecher, die abgefüllt und sauber etikettiert für den Genuss zu Hause bestimmt sind.

Dem Handwerker eröffnet sich hier ein nicht unerheblicher Absatzmarkt. Näheres hierzu finden Sie im Kapitel Marketing ab Seite 237.

DER GESUNDHEITSWERT VON SPEISEEIS

Handwerkliches Speiseeis ist bei vielen Kritikern als kalorienreich und ungesund verschrien. Diese These ist allerdings sehr umstritten, denn Speiseeis hat wegen seiner vielen natürlichen Rohstoffe durchaus einen hohen Gesundheitswert – ganz zu schweigen von seinem hohem Genusswert. Ob Eis nur ein Nahrungs- oder auch Genussmittel ist, wurde schon von jeher lebhaft diskutiert. Betrachtet man allerdings die Zusammensetzung von Milcheis, dann spricht diese, auf 100 Gramm Eis bezogen, eine deutliche Sprache:

Die durchschnittlichen Bestandteile setzen sich in etwa wie folgt zusammen: Wasser 62 g, Proteine 6,7 g, Fette 8,6 g, Zucker 22,2 g, Kalzium 160 mg, Eisen 0,1 mg, Natrium 100 mg, Kalium 150 mg, Phosphor 120 mg. Das bedeutet: Eis ist fast genauso reich an Kalzium und Kalium wie Vollmilch. Es kann zwar nicht höher bewertet werden als Milch, ist aber dennoch ein nicht zu unterschätzender Lieferant für diese beiden Stoffe. Als negativ könnte nur die vergleichsweise hohe Kalorienzahl beurteilt werden. Sie liegt etwa bei 170 Kilokalorien. Jedoch liefert Milcheis zusätzlich eine große Menge an bestem tierischem Milchprotein sowie tierischem Fett. Vom gesundheitlichen Aspekt aus gesehen ist Eis also durchaus ein wertvoller Bestandteil unserer Nahrung.

Darüber hinaus ist anzuführen, dass Eis beim Verzehr noch kalt genug in den Magen gelangt, um die Magensäfte anzuregen und somit die Verdauung zu unterstützen. Wer Probleme mit der Verdauung hat, sollte die Mahlzeit also mit einem Eis beenden. Wer über Appetitlosigkeit klagt, sollte die Mahlzeit mit einem Eis beginnen, denn es richtet den Magen auf eine weitere Speisenaufnahme ein und fördert somit den Appetit.

LEITSÄTZE FÜR SPEISEEIS UND SPEISEEISHALBERZEUGNISSE

GMBL 2003 NR. 8-10, S 221 Die Speiseeisverordnung ist eines der ältesten noch angewandten Gesetze in der Lebensmittelverarbeitung. Die ursprüngliche Form besteht seit dem 15. Juli 1933 und ist zwischenzeitlich inklusive einiger Änderungen auf neun verschiedene Speiseeissorten angewachsen. An die folgenden Beurteilungsmerkmale der einzelnen Speiseeissorten muss sich jeder Eishersteller verbindlich halten und seinen Kunden auch kenntlich machen, um welche Eissorte es sich handelt. Diese Kennzeichnung zum Schutz des Verbrauchers nennt man Deklaration. An die Stelle der Speiseeisverordnung sind mittlerweile die sogenannten Leitsätze getreten. Lassen Sie sich bitte nicht durch die unterschiedlichen Schreibweisen irritieren. Sie dienen lediglich der genauen Definition der Eissorte und sind in der Deklaration alle erlaubt. Die Kennzeichnung sowie die Leitsätze für unverpacktes Speiseeis stellen die gesetzliche Grundlage aller in diesem Buch vorgenommenen Berechnungen der Rezepturen dar.

DIE KENNZEICHNUNG VON UNVERPACKTEM SPEISEEIS

1. KENNZEICHNUNG

Die Speiseeisverordnung verlangt bei loser Abgabe an den Verbraucher die Angabe der Verkehrsbezeichnung:
> auf einem Schild neben der Ware
> oder in einem Aushang
> beim Verzehr in der Verkaufsstätte zusätzlich auf der Speisekarte

Speiseeis kann als **„Eis“** in Verbindung mit beschreibenden Bezeichnungen hinsichtlich Geschmack gebender Zutaten bezeichnet werden. Dies gilt nicht für Wassereis (Punkt 1.8)

In den **LEITSÄTZEN FÜR SPEISEEIS** sind Speiseeissorten definiert. Diese Bezeichnungen können als Verkehrsbezeichnungen verwendet werden, sofern die so bezeichneten Speiseeissorten mindestens den genannten Anforderungen entsprechen. Prozentangaben beziehen sich auf das Gewicht.

1.1. (EIER-)KREMEIS, (EIER-)CREMEEIS

Enthält mindestens 50 Prozent Vollmilch und auf 1 Liter Milch mindestens 270 Gramm Vollei oder 90 Gramm Eigelb, kein zusätzliches Wasser.
ANMERKUNG: Künstliche Farb- oder Geschmacksstoffe sind nicht erlaubt. Der Einsatz von Milchpulver zum Erreichen der geforderten 50 Prozent Milch ist nicht erlaubt. Die Deklaration für ein Cremeeis mit natürlicher Vanille muss beispielsweise „Vanille-Cremeeis“ oder „Cremeeis Vanille“ lauten.

1.2. RAHMEIS, SAHNEEIS (Fürst-Pückler-Eis)

Enthält mindestens 18 Prozent Milchfett aus dem verwendeten Sahneerzeugnis (Rahmerzeugnis).
ANMERKUNG: Es gehört zu den klassischen Halbgefrorenen und hat eigentlich nichts mit der üblichen Eisherstellung aus der Eismaschine zu tun. Hierzu zählen auch Zubereitungen wie Eisbomben oder Eistorten und Ähnliches.

1.3. MILCHEIS (früher: Milchspeiseeis)

Enthält mindestens 70 Prozent Vollmilch.
ANMERKUNG: Erlaubt ist die Herstellung mit Butter oder Vollmilchpulver. Der Mindestfettgehalt muss 2,45 Prozent betragen. Nicht erlaubt sind künstliche Farb- und Aromastoffe mit Ausnahme von Vanillin. Die Deklaration für Milcheis mit Vanillin lautet „Milcheis mit Vanillegeschmack“. Die Deklaration für Milcheis mit reiner Vanille lautet: „Milcheis Vanille/Vanille-Milcheis“.
Bei Verwendung von überwiegend fermentierten Milcherzeugnissen anstelle von Milch, z. B. Joghurt, kann darauf in der Verkehrsbezeichnung hingewiesen werden, z. B. mit der Bezeichnung „Joghurteis“. Ist der Anteil natürlichen Joghurts geringer als der der verwendeten Milch oder durch pulverisierte Produkte hergestellt, lautet die Verkehrsbezeichnung „Milcheis Joghurtgeschmack“. Künstliche Aromastoffe sind auch in den Sauermilcherzeugnissen nicht erlaubt.

1.4. EISKREM, EISCREME

Enthält mindestens 10 Prozent Milchfett.
ANMERKUNG: Dies ist eine klassische Industrieeissorte. Hier muss neben den Inhaltsstoffen auch die Verfahrensweise der Herstellung berücksichtigt werden.

1.5. FRUCHTEIS

Enthält mindestens 20 Prozent Frucht. Bei Fruchteis aus stark sauren Früchten, z. B. Zitrone, Maracuja, Schwarze Johannisbeeren, mindestens 10 Prozent Frucht.
ANMERKUNG: Künstliche Farb- bzw. Aromastoffe sind nicht erlaubt. Die Deklaration für ein Fruchteis aus Erdbeeren lautet: „Erdbeereis" oder „Fruchteis Erdbeere".

1.6. FRUCHTEISKREM, FRUCHTEISCREME

Enthält mindestens 8 Prozent Milchfett, es besitzt einen deutlich wahrnehmbaren Fruchtgeschmack.

ACHTUNG! Bei der Herstellung der Speiseeissorten Nr. 1.1 bis 1.6 wird ausschließlich der Milch entstammendes Fett verwendet („Fremdfett-Verbot"). Natürlicherweise in Geschmack gebenden Zutaten vorhandenes Fett, z. B. in Nüssen, ist von diesem Verbot ausgenommen.

ANMERKUNG: Klassische Industrieeissorte. Hier muss neben den Inhaltsstoffen auch die Verfahrensweise der Herstellung berücksichtigt werden.

1.7 (FRUCHT)-SORBET

Enthält mindestens 25 Prozent Frucht. Bei Sorbet aus stark sauren Früchten, z. B. Zitrone, Maracuja, Schwarze Johannisbeeren mindestens 15 Prozent Frucht. Enthält keine Milch oder Milchbestandteile.
ANMERKUNG: Künstliche Farb- bzw. Aromastoffe sind nicht erlaubt. Deklaration: „Erdbeersorbet"

1.8 WASSEREIS

Speiseeis, das nicht die Anforderungen von Nr. 1.3, 1.5 oder 1.7 erfüllt, mit einem Fettgehalt von weniger als 3 Prozent und mit einem Trockenmassegehalt von mindestens 12 Prozent, der von süßenden und/oder weiteren Geschmack gebenden Zutaten stammen kann.

SORTE 9

Eis dieser Sorte ist nicht ausdrücklich als Sorte 1.9 in den Leitsätzen erfasst. Allerdings kann für diese Sorte pflanzliches Fett verwendet werden, was auch fast immer geschieht. Die Deklaration kann lauten, z. B. bei natürlicher Vanille: „Vanilleeis". Wird Vanillin eingesetzt, muss die Deklaration „Eis mit Vanillegeschmack" lauten. Aus dieser Sorte kann auch veganes Eis hergestellt werden. Es werden nur pflanzlich erzeugte Produkte wie Reismilch, Hafermilch, pflanzliche Sahne, Früchte etc. verwendet.

SOFTEIS

Ist keine eigene Sorte, sondern unterliegt den einzelnen Anforderungen der in den Leitsätzen verankerten Speiseeissorten.

2. KENNTLICHMACHUNG

2.1. FARBSTOFFE

Die Verwendung von Farbstoffen bei der Herstellung von Speiseeis wird durch die Zusatzstoff-Zulassungs-Verordnung geregelt:
Der Gehalt an Farbstoffen ist kenntlich zu machen. Dies gilt auch bei einem Zusatz über eine gefärbte Zutat (z. B. Amarena-Kirschen, Fruchtsaucen). Die Kenntlichmachung erfolgt durch die Angabe „mit Farbstoff" auf einem Schild beim Lebensmittel. (Stand: Mai 2003) Sie kann auch in einem Aushang oder einer schriftlichen Aufzeichnung, die dem Endverbraucher unmittelbar zugänglich ist, erfolgen, wenn dort alle bei der Herstellung des Lebensmittels verwendeten Zusatzstoffe angegeben sind. Auf diese Aufzeichnung muss in der Nähe des Lebensmittels oder in einem Aushang hingewiesen werden. In Gaststätten hat die Kenntlichmachung „mit Farbstoff" grundsätzlich auf Speisekarten zu erfolgen, wobei die Angabe hier auch als Fußnote angebracht werden kann, wenn bei der Verkehrsbezeichnung auf diese hingewiesen wird.
HINWEISE: Die für einzelne Farbstoffe festgelegten Höchstmengen sind zu beachten. Auch der Zusatz von Carotinen (E 160) und Riboflavin (E 101) muss kenntlich gemacht werden.
Seit dem 20. Juli 2010 müssen Lebensmittel mit folgenden Azofarbstoffen den Warnhinweis „Kann Aktivität und Aufmerksamkeit bei Kindern beeinträchtigen" gekennzeichnet sein.

Diese sind:
> **Chinolingelb** (E 104)
> **Tartrazin** (E 102)
> **Gelborange S** (E 110)
> **Azorubin** (E 122)
> **Cochenillerot** A (E 124)
> **Allurarot AC** (E 129)

2.2. FÄRBENDE LEBENSMITTEL

Die Verwendung färbender Lebensmittel einschließlich der Auszüge aus Lebensmitteln pflanzlicher Herkunft ist üblich. Sofern dadurch eine bessere Beschaffenheit (z. B. ein höherer Fruchtgehalt) vorgetäuscht wird, ist dies z. B. durch den Wortlaut „mit färbenden Lebensmitteln" kenntlich zu machen.

2.3. KAKAOHALTIGE FETTGLASUR

Bei Verwendung von kakaohaltiger Fettglasur (Überzugsmasse) oder kakaohaltigen Pflanzenfettraspeln (z. B. bei Stracciatella) anstelle von Schokolade muss eine entsprechende Kenntlichmachung erfolgen (z. B. durch die Angabe „mit kakaohaltiger Fettglasur").

3. DIABETIKER-EIS

Das klassisch bekannte Diabetiker Eis gibt es nicht mehr, da die Vorschriften der Diabetiker Verordnung aufgehoben wurden.

Am 9. Oktober 2010 ist die Änderungsverordnung der Diät-Verordnung in Kraft getreten. Mit der ersatzlosen Streichung der Kategorie Diabetiker-Lebensmittel müssen Hersteller nicht nur ihre Hinweise auf den Verpackungen ändern, sondern bei bestimmten Produkten auch Rezepturen anpassen. Denn Produkte wie etwa Schokoladen mit Süßstoffen oder Konfitüren mit Fructose müssen in Zukunft anderen lebensmittelrechtlichen Vorschriften entsprechen.

ZUSAMMENFASSUNG DER LEITSÄTZE

> Der Gesetzgeber unterscheidet neun verschiedene Eisarten.
> Die Sorten müssen am Produkt die Verkehrsbezeichnung erhalten.
> Farbstoffe sind am Produkt zu kennzeichnen.
> Azofarbstoffe müssen besonders gekennzeichnet werden.
> In den ersten sieben Sorten darf kein Fremdfett verarbeitet werden.

WAS VERSTEHT MAN UNTER SPEISEEIS?

Unter dem Allgemeinbegriff „Speiseeis" sind alle in der Speiseeisverordnung genannten Stoffe und die durch Gefrieren hergestellten Speisen zusammengefasst. Hierbei spielt es keine Rolle, ob das fertige Produkt mit dem Zusatz „Eis" oder auch „Gefrorenes" besonders gekennzeichnet ist.

Auf welche Art und Weise das Eis gefroren werden muss, ist durch den Gesetzgeber nicht definiert. Es ist gleichgültig, ob es durch eine Gefriermaschine, kalte Luft, eine Mischung aus gefrorenem Eis mit Kochsalz oder einer Kältesole in den starren, gefrorenen Zustand gebracht wird. Auch die Konsistenz des fertigen Eises darf von cremig weich, wie beim Softeis der Fall, bis schnittfest oder sogar hart reichen. Wichtig ist, dass die Abgabe von Eis nur in gefrorenem Zustand erfolgen darf. Ist ein Eis einmal aufgetaut, darf es nicht erneut in den Verkehr gebracht werden. Als aufgetaut gilt ein Eis, welches eine Temperatur von -4 °C überschritten hat. Eine ganz genaue Festlegung der Auftautemperatur ist aber schwierig. Grundsätzlich kann man festhalten, dass Speiseeis, wenn es nicht auftaut, praktisch unbegrenzt haltbar ist. Wie lange es allerdings schmackhaft bleibt, bestimmt einzig und allein die Lagertemperatur und die richtige Zusammenstellung der rohstoffspezifischen Rezeptur. Meiner Meinung nach schmeckt ein Speiseeis direkt nach der Entnahme aus der Gefriermaschine am besten.

FRUCHTEIS UND SORBETS

Fruchteis unterscheidet sich von allen mit Milch gefertigten Eissorten im Wesentlichen durch die Verarbeitung. Wird in diesem Buch von Fruchteis gesprochen, so sind die Herstellungs- und Verarbeitungsmethoden genauso für Sorbets zutreffend. Aus den gesetzlichen Richtlinien leitet sich ab, dass sich Fruchteis von Sorbet nur in der höheren Fruchtzugabe beim Sorbet unterscheidet; außerdem durch eine eventuelle Milchzugabe, die beim Sorbet entfällt.

Für Fruchteis wird normalerweise keine Grundmasse hergestellt, wie es bei Milcheis häufig der Fall ist. Bei Fruchteis werden die Zutaten durch direktes Anmischen und anschließendes Pürieren mit Hilfe eines der wichtigsten Utensilien für die Eisherstellung, dem Mixstab, verarbeitet. Die warme Methode, also das Pasteurisieren, findet nur selten Anwendung, da die verwendeten frischen oder tiefgefrorenen Früchte durch das Erhitzen einen starken Geschmacks- bzw. Farbverlust erleiden könnten.

Bei der klassischen Methode Fruchteis herzustellen wird keine Milch, sondern ausschließlich Wasser verwendet, weshalb es von verschiedenen Eisherstellern manchmal als sogenanntes „Wassereis" deklariert wird. Wird Milch oder sogar Sahne verarbeitet, nimmt dies den Früchten über den hohen Milchfettgehalt ihren erfrischenden Charakter. Die oft benutzte Bezeichnung „Wassereis" unterliegt, wie bereits in den Leitsätzen beschrieben, eigenen Kriterien. Ausschlaggebend ist der richtige Fruchtgehalt im Fruchteis bzw. im Sorbet. In den europäischen Nachbarländern wird das in Deutschland sogenannte „Fruchteis" von jeher als „Sorbet" oder „Sorbetto" bezeichnet. Der Begriff „Sorbet" oder auch „Scherbett" hat sich in Deutschland erst viel später durch Variationen der Gastronomie herausgebildet.

Wichtig für die Herstellung von Fruchteis ist, dass man allein durch Zugabe von reinem Trinkwasser ein warm und fruchtig schmeckendes Eis herstellen kann, das eine ebenso cremige Konsistenz aufweist wie Milcheis. Denn der Kunde kennt die gesetzlichen Unterschiede zwischen Milch- und Fruchteis nicht. Einzig der Geschmack ist für den Käufer wichtig – und er möchte möglicherweise wissen, ob es auch bei einer Laktoseintoleranz verzehrt werden kann. Ob Fruchteis eine ähnliche Konsistenz wie Milcheis erhält, hängt maßgeblich von der Zusammenstellung der einzelnen Rohstoffe ab.

Unbestritten ist die Tatsache, dass Fruchteis, in dem Milch verarbeitet wurde, hauptsächlich in der kalten Jahreszeit durch seinen gehaltvollen Geschmack beim Kunden gut ankommt und auch länger lagerfähig ist. Am besten eignet sich hierzu die sogenannte Halb-und-Halb-Methode – dabei besteht eine Hälfte der Flüssigkeit aus Milch, die andere aus Wasser. Allerdings können auch andere Methoden Anwendung finden, denn theoretisch kann sich der gesamte Flüssigkeitsanteil in beliebigen Verhältnissen zusammensetzen

z. B. 30 Prozent Milch – 70 Prozent Wasser oder auch umgekehrt. Wichtig ist ausschließlich, dass die optimale Flüssigkeitsmenge nicht über- oder unterschritten wird.

Früher existierte die These, dass Fruchteis mit mindestens 50 Prozent Milchanteil cremiger werde. Begründet wurde dies mit dem Fettgehalt der Milch, in dem Irrglauben, Fett mache das Eis cremig. Die Ursache für mehr Cremigkeit und besseren Lufteinschlag ist aber nicht auf das Fett zurückzuführen, sondern vielmehr auf die proteinhaltige Milchtrockenmasse. Verwendet man also Wasser und setzt dem Eismix Magermilchpulver zu, lässt sich mindestens der gleiche, wenn nicht sogar ein besserer Effekt erzielen, denn in diesem Fall kann kein Milchfett den Fruchtgeschmack negativ beeinflussen.

Üblicherweise wird bei Fruchteis mit frischen oder tiefgekühlten Früchten gearbeitet; sind diese schwer verfügbar, kann man auch auf Früchte aus der Dose oder dem Glas zurückgreifen. Bei der Verarbeitung von frischen Früchten ist es unerlässlich, auf das sorgfältige Waschen der Frischfrucht zu achten. Neben Schmutz durch den Transport können sich durch die Behandlung im Ursprungsland auch Pestizide, z. B. bei Bananen und Zitronen, an der Außenschale anlagern. Sand, der häufig auf frischen Erdbeeren vorkommt und den Verzehr durch „Knirschen“ deutlich beeinträchtigt, ist die Folge nicht gründlich durchgeführter Reinigungsmaßnahmen. Aber auch Fäkalkeime, die den Früchten durch verschiedene Düngemethoden anhaften können, bringen bedenkliche hygienische Probleme mit sich, denn das Fruchteis wird üblicherweise nicht mehr erhitzt. Diese Probleme entfallen bei der Nutzung von Tiefkühlobst, Dosenfrüchten oder den von mir durchaus empfohlenen Fruchtpürees, die seit Langem auf dem Markt angeboten werden. Sie sind als flüssiges Produkt im Tetrapak, in der Dose oder als gefrorenes Fruchtpüree in Gebinden ab 1 kg Füllgewicht erhältlich. Ist der Zuckergehalt aus den verwendeten Dosenfrüchten (meistens werden diese in einem Zuckersirup geliefert) nicht bekannt, so doch der Zuckergehalt der Fruchtpürees, da dieser häufig 10 Prozent des Fruchtgewichts ausmacht und außerdem durch den Hersteller gekennzeichnet wird. Der zugegebene Zucker regt während der Lagerung, des Gefrierens und auch beim Auftauen die Enzyme der Frucht an, einen weiteren Reifeprozess durchzuführen, und wirkt auch leicht konservierend. Dies fördert den Geschmack und die natürliche Farbe der Frucht.

Abhängig von Reife und Lagerung können sich Unterschiede in Geschmack sowie in der Süße von frischen Früchte feststellen lassen. Der fruchteigene Zucker steigt mit zunehmender Reife der Frucht. Bei den am häufigsten eingesetzten heimischen Früchten, außerdem beim gesamten Beerenobst, sind die Unterschiede jedoch gering, es handelt sich um Abweichungen von maximal 4 Prozent des Fruchtzuckers. Dies entspricht bei einer Zugabe von 25 Prozent Früchten in einem Fruchteis etwa 1 Prozent des Gesamtgewichts.

TIPP: Arbeitet man mit Tiefkühlfrüchten, werden Geschmack und Farbe intensiver, wenn man die Früchte einen Tag vor der Verarbeitung ausfriert, abwiegt und abgedeckt im Kühlschrank schonend auftauen lässt. Es empfiehlt sich, immer einen Teil des in der Rezeptur verarbeiteten Zuckers bereits den auftauenden Früchten zuzugeben, denn der Zucker verstärkt nach dem Auftauen deutlich den Geschmack. Dann jedoch sollte man nicht vergessen, den bereits verarbeiteten Zucker später zu berücksichtigen! Schnelles Auftauen, z. B. in einem Ofen oder einem Mikrowellengerät, schadet dem Geschmack in hohem Maße, da die Frucht durch Hitze degeneriert wird.

Handelsübliche Fruchteispasten oder Fruchtzubereitungen sind hoch konzentrierte Präparate. Sie können den Eishersteller jedoch nicht von der mindestens 20-prozentigen Zugabe von echten Früchten entbinden. Lediglich ein Milcheis mit Fruchtgeschmack ließe sich durch alleinigen Einsatz eines solchen Produkts herstellen, niemals aber ein Fruchteis. Diese Fruchtzubereitungen können allerdings zur geschmacklichen Abrundung nicht optimal gereifter Früchte verwendet werden. Ich selbst verwende keinerlei Fruchtpasten oder Fruchtzubereitungen, denn diese enthalten häufig deklarationspflichtige und vom Kunden nicht akzeptierte Zusatzstoffe.

Die klassische Methode, ein Fruchteis zuzubereiten, bedarf keiner Rezeptur. Es wird im Verhältnis 1:1:1 gemischt: ein Teil Zucker, ein Teil Wasser, ein Teil Früchte. Diese Mischung ergibt in jedem Fall ein verarbeitungsfähiges Fruchteis. Da hier der Zuckeranteil allerdings sehr hoch ist, wird es schwierig, dieses Eis optimal auszufrieren. Vermutlich ist es dem deutschen Verbraucher auch zu süß. Ich habe die Erfahrung gemacht, dass die Vier-Teile-Variante als Grundrezeptur leichter zu verwenden und auch leichter zu verändern ist. Hierbei werden zwei Teile Flüssigkeit, ein Teil Frucht und ein Teil Zucker zur Grundrezeptur. Die Flüssigkeit kann individuell durch Wasser, Milch oder andere Flüssigkeiten, wie z. B. Wein bei der Herstellung eines Sorbets, variiert werden.

Doch Vorsicht bei der Verarbeitung von Alkohol im Eis. Der reine Alkohol, ausgedrückt in Vol.-% auf jeder Flasche eines alkoholischen Getränks, besitzt die dreifach gefrierhemmende Wirkung von Zucker und ist deshalb nicht in beliebig großen Mengen zu verarbeiten. Außerdem ist der Zeitpunkt der Zugabe des Alkohols wichtig. Gibt man den Alkohol vor dem Gefriervorgang in den Eismix, kann es passieren, dass dieses Eis beim Gefrieren niemals fest wird, da die Alkoholmoleküle die Wassermoleküle umschließen und so ein Festwerden bzw. Gefrieren verhindern. Dies hängt auch von der Konzentration des Alkohols ab. Die richtige Vorgehensweise ist, den Alkohol erst zuzugeben, wenn der Eismix in der Gefriertrommel nahezu komplett ausgefroren ist. So entfaltet der Alkohol nicht mehr seine optimale gefrierhemmende Wirkung, behält aber sein Aroma. Außerdem reichen in diesem Fall kleinere Mengen dieser vergleichsweise teuren Zutat aus.

Die einfachste und preiswerteste Art, den Zuckergehalt in einem Eismix zu messen, ist mithilfe einer sogenannten Zuckerspindel. Diese wird nach ihrem Erfinder A. Baumé (1728–1804) auch Baumé-Waage genannt. In ihrem Aussehen gleicht die Zuckerspindel einem Thermometer; sie wird aber auf den Kopf gestellt in den Eismix eingetaucht und sinkt, durch kleine Bleikügelchen im Glaskopf beschwert, so tief in den Eismix ein, dass eine Skala die Dichte, verursacht durch den gelösten Zucker, anzeigt. Ein Fruchteismix sollte etwa 17 °Baumé (Bé) anzeigen. Bei dieser Dichte ist er mit Sicherheit gefrierfähig. Bei höheren Baumé-Werten müsste weitere Flüssigkeit zugesetzt werden, um die Dichte und somit den Zuckergehalt zu senken. Umgekehrt müsste etwas gelöster Zuckersirup (Läuterzucker) zugesetzt werden, um die Dichte über den Zuckergehalt zu erhöhen. Hierzu benötigt man einiges an Fingerspitzengefühl.

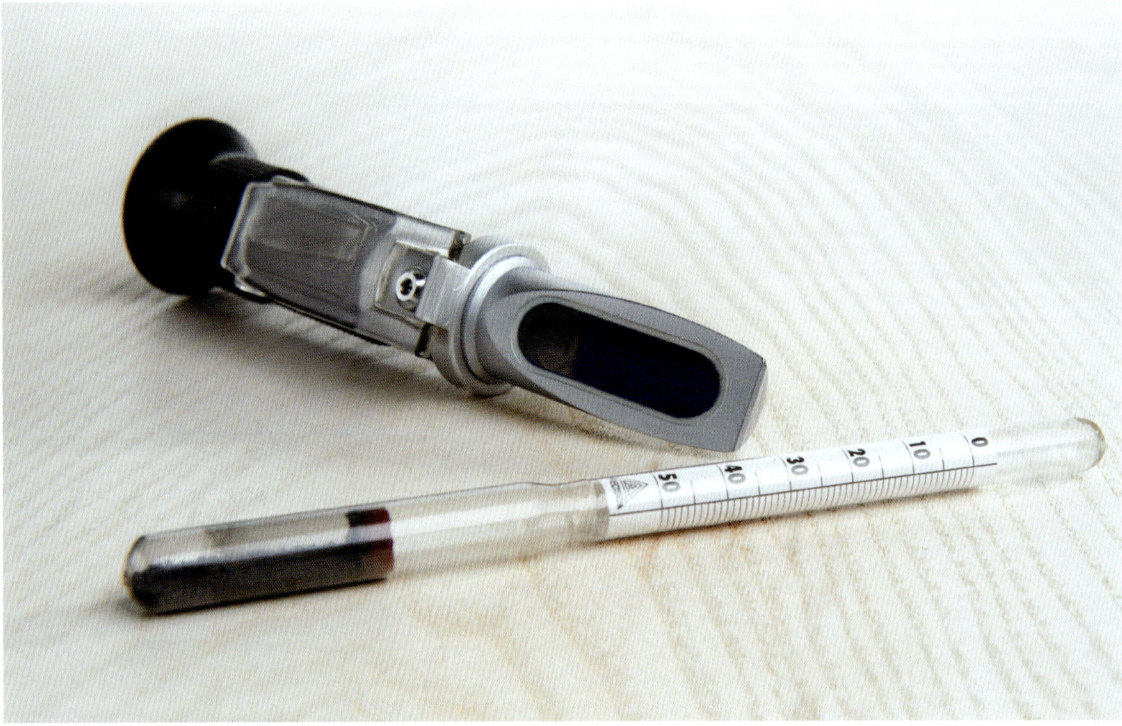

Das Refraktometer ist ein optisches Instrument und ermöglicht eine wesentlich genauere Messung als die Zuckerspindel. Das Prinzip dieser Messung beruht auf der Lichtbrechung durch zwei Prismengläser. Dies nennt man Refraktion. Die Einheiten dieses Gerätes werden in „% Brix“ gemessen. „Brix“ ist der Zuckergehalt, angegeben in Gewichtsprozent. Bei der Arbeit mit dem Refraktometer wird ein Tropfen der zu messenden Lösung auf das untere Refraktometerglas gegeben und anschließend das obere Glas zugeklappt. Hält man nun das Refraktometer gegen das Licht ans Auge, kann man auf der Skala den gemessenen Wert ablesen.

Erforderlich für die Eisherstellung ist ein Wert, der zwischen 28 und 32 % Brix liegen sollte. Die Voraussetzungen für genaue Messungen sowohl mit der Zuckerspindel als auch mit dem Refraktometer sind die gleichen. Man benötigt einen Topf mit dem komplett in warmem Wasser aufgelösten Zucker, der nach Zugabe der Früchte auf die genaue Messtemperatur von 20 °C gebracht wird. Zusatzstoffe wie Bindemittel oder die Zugabe von trüben Flüssigkeiten, wie z. B. Milch, verfälschen das Ergebnis.

Die Arbeit mit dem Refraktometer sollte jedem Eishersteller geläufig sein. Die weit verbreitete Meinung, man könne auch mit reinem Abwiegen gute Ergebnisse erzielen, kann ich im Fall von Fruchteis nicht unterstützen. Durch unterschiedlich einwirkende Sonneneinstrahlung oder verschiedene Reife zeiten verändert sich der Fruchtzuckergehalt der Früchte. Damit ein Fruchteis immer gleich schmeckt, sollte die Frucht (auch Tiefkühlware) vor dem Verarbeiten grundsätzlich gemessen werden. Das Refraktometer berücksichtigt nämlich sämtliche Zucker. Wer die Arbeit mit dem Refraktometer beherrscht, ist in der Lage, aus jeder essbaren Frucht innerhalb kürzester Zeit ein fachlich korrekt hergestelltes und wohlschmeckendes Eis zuzubereiten.

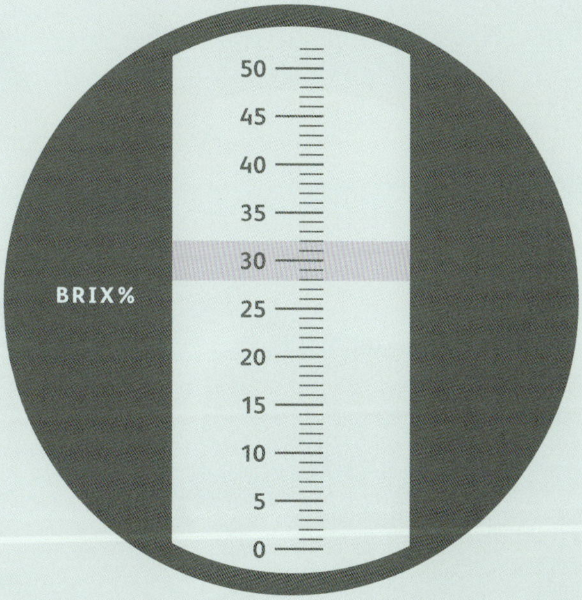

28-32 %BRIX
gemessen bei 20 °C

WICHTIG BEI DER ANSCHAFFUNG DES REFRAKTOMETERS SIND FOLGENDE ECKDATEN:

> Das Refraktometer muss für Zuckerlösungen ausgelegt sein (nicht Salz, Oechsle, Glykol o.ä.)
> Die Anzeige erfolgt in %Brix
> Das Anzeigefeld zeigt 0 bis mindestens 50 %Brix an

MERKE: Werte von 17 °Bé oder 28 bis 32 %Brix führen zu optimalen Ergebnissen bei der Herstellung von Fruchteis und Sorbets.

Neben den bereits genannten Zutaten, wie (im Idealfall) frische Früchte, Wasser und Zucker, benötigt man zur Herstellung eines Fruchteises außerdem Trockenglukose, Zitronensaft und Eisbindemittel (eventuell Inulin).

SÄURE IM FRUCHTEIS

Zur geschmacklichen Abrundung eines Fruchteismixes sollte immer etwas Säure in Form von Zitronensaft, Zitronensäure, Fruchtsäure oder auch Balsamico zugesetzt werden. Es ist jedoch zu bedenken, dass einige der genannten Säuren E-Nummern (E 330) besitzen und somit einen Zusatzstoff darstellen.

Die Säure gibt nicht nur einen leicht sauren, erfrischenden Geschmack, sie unterstützt auch die natürliche Farbe der Frucht und hebt den Fruchtgeschmack deutlich hervor. Durch diese Zugabe wird auch ein Oxidieren der Früchte (Braunwerden) verhindert. Am häufigsten und schnellsten tritt die Oxidation bei Bananen, Äpfeln und Ananas auf. Doch auch bei Erdbeer- oder Himbeereis entsteht ein leichter Grauschleier, wenn keine Säure zugesetzt wird. Je nach Fruchtsorte können zwischen 40 und 100 Gramm Zitronensaft, bzw. 10 bis 20 Gramm Säure zugefügt werden. Ein weiterer Aspekt der Verwendung von Säuren ist die Reduzierung der Keimvermehrung. In einem sauren Eismix mit einem pH-Wert unter 4,5 wird die Keimvermehrung wirksam reduziert. Der pH-Wert ist eine Maßeinheit auf einer Skala von 0 bis 14. Ein Wert unter 7 wird als sauer, über 7 als alkalisch bewertet. Er ist unter anderem für den mikrobiologischen Verderb entscheidend. Grundsätzlich kann man sagen, je tiefer der pH-Wert, umso länger ist ein Produkt haltbar.

Die Verwendung von Ascorbinsäure als Säure im Speiseeis ist verboten. Die Dosierung wäre zu hoch und würde deshalb ein Antioxidantium (Konservierungsstoff) darstellen. Konservierungsstoffe sind jedoch nach deutschem Recht im Speiseeis nicht erlaubt.

02

BESTANDTEILE, GESCHMACKS-ZUTATEN, VERARBEITUNGS-METHODEN

DIE BESTANDTEILE

Alle nachstehend aufgeführten Zutaten und Zusammensetzungen sind ausschließlich auf das traditionelle Ganz- oder Streicheis zu beziehen. Andere Eisarten wie Halbeis, das sogenannte Halbgefrorene oder Semifreddo, bedürfen anderer Zusammensetzungen. Auch Softeis unterliegt aufgrund der Produktionsmaschinen anderen Regeln (siehe „Softeismaschine" Seite 65 und 188), obwohl die Komponenten und Zutaten die gleichen sind.

WASSER

In jedem Speiseeis sind grundsätzlich etwa 60 bis 70 Prozent Wasser enthalten, nicht nur durch die Zugabe von Trinkwasser, sondern im Wesentlichen auch durch die Zugabe von Früchten, Milch, Sahne, Butter oder anderen Molkereiprodukten wie Joghurt, Quark, Kefir oder Buttermilch.

Alle genannten Molkereiprodukte sind Emulsionen, d. h. Verbindungen von Wasser und tierischem Fett, also Butter. Des Weiteren ist Wasser auch in Früchten oder anderen Fruchterzeugnissen wie Konfitüren oder Fruchtzubereitungen enthalten. Tatsächlich ist es erst durch das vorhandene Wasser möglich, ein Eis überhaupt zu gefrieren, da Wasser ein kristallbildendes Produkt ist und somit für die Festigkeit des Speiseeises sorgt. Das Wasser ist auch dazu da, die trockenen Substanzen wie Stabilisatoren, alle Arten von Zucker, Milchpulver usw. aufzulösen.

Ist zu viel Wasser im Eismix vorhanden, wird das durchgefrorene Eis sehr hart und kalt. Ist zu wenig Wasser im Eismix, wird dieses Eis von rauer und kristalliner Textur sein, da der zu geringe Wasseranteil nicht in der Lage ist, sämtliche Trockensubstanzen zu lösen. Wasser und Trockensubstanzen müssen also mengenmäßig miteinander im Einklang stehen. Das optimale Verhältnis dieser zwei wesentlichen Grundstoffe sollte immer zwischen 61 und 65 Prozent Wasser sowie zwischen 35 und 39 Prozent Trockenmasse betragen. Schon vorab sei angemerkt, dass sich dieses Verhältnis bei einem reinen Fruchteis nur schwer realisieren lässt. (Rezepturen zu Fruchteis siehe Kapitel 4 ab Seite 126) Ist das Verhältnis von Wasser und Trockenmasse nicht ausgewogen, kommt es bei der Produktion zur Bildung von zu großen Eiskristallen. Diese stören beim Verzehr den Genuss ganz erheblich.

Zum besseren Verständnis stelle man sich einen Eiswürfel vor. Dieser besteht zu 100 Prozent aus Wasser und ist im Mund sehr hart und kalt. Durch die Zugabe von Zuckern und anderer Trockenmasse wird Wasser gebunden, durch den Lufteinschlag während des Einfrierens wird die Masse cremig und in eine verzehrbare Eiskonsistenz verwandelt.

Um ein gutes Ergebnis erzielen zu können, ist ein „Bilanzieren" der Rezeptur notwendig. Die Grundlage hierfür sind die physikalischen Eigenschaften der Rohstoffe, die sich berechnen lassen.

Für gewöhnlich sind die prozentualen Anteile von Wasser, Fetten, Zuckern und anderen trockenen Substanzen jedes einzelnen zur Eisherstellung verwendeten Rohstoffs nicht unbedingt bekannt. Aus diesem Grund findet sich im Kapitel „Bilanzierung" ab Seite 80 eine Übersichtstabelle der gängigsten Grundstoffe. Deren Bestandteile sind in Prozent angegeben, was die eigene Bilanzierung erheblich erleichtert. Da diese nur sehr zeitaufwendig zu berechnen ist, können auch eigens hierfür erstellte Computerprogramme verwendet werden, welche innerhalb von Sekunden die entsprechenden Parameter ausrechnen.

Bei der Verarbeitung gilt folgende Regel: Je homogener ein Eismix hergestellt wird, desto besser schlägt dieser beim Gefrieren auf, da die fein verteilten Fett- und Wassermoleküle das Bindeglied für die Aufnahme der Luftbläschen sind. Dies bedeutet ein cremiges Produkt, welches eine längere Haltbarkeit aufweist bzw. bei dem die unerwünschte Eiskristallisierung erst später einsetzt. Durch die Benutzung von Emulgiergeräten (nicht zu verwechseln mit einem Stabmixer) können beste Ergebnisse und eine lang anhaltende Qualität von Speiseeisprodukten erreicht werden. Auch durch den Einsatz von Emulgatoren kann dem schnellen Auskristallisieren vorgebeugt werden. Ich persönlich lehne allerdings den Einsatz von Emulgatoren ab, da diese einen zusätzlichen und häufig vom Kunden nicht gewünschten Zusatzstoff im Eis bedeuten. Ein fettiges Mundgefühl nach dem Verzehr ist ebenfalls nicht auszuschließen.

TROCKENMASSE

Die trockenen Bestandteile werden im nachfolgenden Text immer Trockenmasse genannt. Die Hauptaufgabe der Trockenmasse ist es, sich in der Flüssigkeit aufzulösen und diese dadurch zu binden. Durch die Zugabe von Trockenmasse ist die Flüssigkeit, also größtenteils Wasser, nicht mehr in der Lage, so fest auszufrieren wie in ihrem Ursprungszustand. Es tritt somit eine Senkung des Gefrierpunktes ein. Trockenmasse ist in allen Molkereiprodukten (z. B. Milchtrockenmasse), Ei, Fett sowie anderen Produkten (z. B. Früchte oder Fruchtprodukte) enthalten, außerdem in verschiedenen Zuckerarten, Kakaopulver und Zellulose, um nur die am häufigsten verwendeten zu nennen. Alles, was in natürlicher Form als pulverförmig bezeichnet werden kann, gehört zur Trockenmasse. Allerdings enthalten auch pulverförmige Stoffe wie z. B. Dextrose oder Milchpulver geringe Teile an Wasser. Genaue Daten können der Grundstofftabelle (Seite 80-83) entnommen werden.

Die Trockenmasse sorgt im Eismix für den Körper und die Struktur des Speiseeises. Wie bereits oben beschrieben, werden etwa 35 bis 39 Prozent Gesamttrockenmasse im Eismix benötigt. Es müssen also pro 1.000 Gramm Eismix zwischen 350 und 390 Gramm Trockenmasse enthalten sein. Doch Achtung: Auch einige flüssige Zutaten besitzen Anteile an Trockenmasse, etwa die Milch durch das Milchfett, Magermilchbestandteile und auch Proteine. Mit Abstand der größte Lieferant von Trockenmasse im Eismix ist der Zucker.

Die gesamte Trockenmasse ist wichtig für Aufschlagverhalten, Schmelzverhalten, Cremigkeit und Mundgefühl. Optimales Eis sollte bei Portioniertemperatur, die sich natürlich auch nach dem Zuckergehalt richtet, beim Verzehr kein kaltes, sondern ein warmes, angenehmes Mundgefühl hervorrufen. Dieses kann entscheidend durch die Trockenmasse verändert werden.

LUFT

Die dritte „Zutat" ist die Luft, die auch bei der handwerklichen Eisherstellung nicht manuell, aber durch die Produktion in der Eismaschine eingearbeitet wird. Sie ist im fertigen Eismix je nach Maschinentyp mit einem Anteil zwischen 10 und 80 Prozent vorhanden und erfüllt eine dreifache Funktion: Die bei der Produktion eingeschlagene Luft bildet kleine Luftbläschen und bewirkt hierdurch, dass das Eis beim Verzehr als wärmer empfunden wird und eine cremige und schaumige Konsistenz erhält. Diese wiederum bewirkt durch den hohen Lufteinschlag auch eine größere Menge an fertigem Eis (was letztlich auch mehr Umsatz bedeutet). Man spricht dabei von Volumenzunahme, Aufschlag oder vom sogenannten Overrun. Alle drei Begriffe haben die gleiche Bedeutung, nämlich die Erhöhung des Volumens des Eismixes (in Kilogramm pro Liter des fertigen Eises).

Beim Overrun werden wesentliche Fehler bei der Bilanzierung, der Berechnung einzelner Zutaten in Prozent und bei der richtigen Größe der Eismaschine gemacht. Alle Zutaten werden als flüssiger Eismix immer in Kilogramm gerechnet, das fertige Produkt aber in Litern. Deshalb ist es nie möglich, einen Eismix im Litermaß exakt abzumessen, da sich das spezifische Gewicht durch die verschiedene Zutaten nicht wie bei Wasser verhält (1.000 g = 1 Liter). Wer diesen wichtigen Grundsatz berücksichtigt und sämtliche Zutaten abwiegt, wird in Zukunft nie mehr Probleme bei der Bilanzierung haben. Dazu ist es allerdings unbedingt vonnöten, das genaue Gewicht der verwendeten Zutaten zu kennen.

MILCH

Grundsätzlich spricht man bei der Eisherstellung von Vollmilch. „Milch" ist laut Gesetzgeber immer ein Erzeugnis von Kühen, nicht von anderen Tieren. Sie hat normalerweise einen Mindestfettgehalt von 3,5 Prozent. Dieser Wert wird bei allen Kalkulationen zugrundegelegt. Sollte einmal ein etwas höherer Fettgehalt vorhanden sein, müssen die entsprechenden Parameter bei einer Bilanzierung korrigiert werden. Wesentliche Unterschiede bestehen einzig und allein zwischen Frisch- und H-Vollmilch.

Frischmilch wurde in früheren Jahren gerne direkt beim Bauern gekauft, da diese noch unbehandelte, frische Kuhmilch einen wesentlich höheren Fettgehalt aufwies und sich somit eine Zugabe von teurer Sahne oder Butter erübrigte. Heute gestaltet sich der direkte Bezug vom Bauern als schwierig. Die hier produzierte Milch, direkt ab Werk sozusagen, wird als Rohmilch bezeichnet. Die Verarbeitung von Rohmilch, im Gegensatz zu standardisierter Handelsware, ist von Seiten der zuständigen Behörden genehmigungspflichtig. Da frische Rohmilch verunreinigt sein kann, (die „Zapfstelle" liegt direkt im Haupt-Keimbereich der Kuh) wird äußerst streng darüber gewacht, wie die Rohmilch verarbeitet wird.

Ob aber Frischmilch (immer pasteurisiert) oder H-Milch (immer ultrahocherhitzt) benutzt wird, ist seit jeher ein Streitpunkt der Eishersteller. Ich erlaube mir die Behauptung, nicht bei allen Eissorten herausschmecken zu können, mit welcher Milch der Eishersteller gearbeitet hat. Im direkten Vergleich, also beim Trinken der beiden unterschiedlichen Milchsorten, stellt man sofort einen wesentlichen Unterschied fest. H-Milch schmeckt metallisch, was auf das Karamellisieren des Milchzuckers bei der Ultrahocherhitzung zurückzuführen ist. Frische Vollmilch gewinnt bei diesem Geschmackstest. Im fertigen Eis jedoch wurden Zucker, Aromen und viel Luft zugefügt, der ursprüngliche Geschmack der Milch wird also überdeckt. Es bleibt daher jedem selbst überlassen, auf welche Milch er sich festlegt. Die standardisierten Industrie-Milchprodukte erlauben ein qualitativ gleichbleibendes Produkt mit immer gleichen Parametern zur Bilanzierung. Es ist zu bedenken, dass H-Vollmilch ohne Kühlung wesentlich länger haltbar und lagerfähig ist als Frischmilch, und somit auch besser zu bevorraten.

Die von der Industrie angebotene fettarme Milch, meistens mit einem Fettgehalt von 1,5 bis 1,8 Prozent, wird eher weniger für die Eisherstellung eingesetzt, da der fehlende, vom Gesetzgeber aber geforderte Fettgehalt durch Sahne oder Butter ergänzt werden müsste. Zu diesem Zweck kann auch Vollmilchpulver zum Einsatz kommen. Auch Varianten mit Kondensmilch sind denkbar. Man kann hierbei zwischen gezuckerter oder ungezuckerter Kondensmilch wählen. Während die gezuckerte Kondensmilch etwa 42 Prozent Zuckergehalt und einen etwa 9-prozentigen Fettgehalt aufweist, enthält die ungezuckerte Kondensmilch nur etwa 7,5 Prozent Fett. Vorteil dieser beiden Produkte ist die lange Haltbarkeit, allerdings müssen beide nach Anbruch rasch verarbeitet werden und erfordern durch ihre Inhaltsstoffe eine etwas zeitaufwendigere Bilanzierung. Zu bedenken ist auch der karamellartige Geschmack der Kondensmilch, der ausschließlich bei dunklen Eissorten geschmacksverbessernd wirkt sowie für Mandel- und Nusseissorten eingesetzt werden sollte.

FÜLLSTOFFE: MAGERMILCHPULVER, VOLLMILCHPULVER UND INULIN

Als Füllstoffe bezeichnet man Stoffe, die dem Eismix ausschließlich zugefügt werden, um seinen Anteil an Trockenmasse zu erhöhen bzw. den optimalen Wert von 35 bis 39 Prozent zu erhalten. Meistens müssen solche Füllstoffe verwendet werden, wenn die Rezeptur keine andere Möglichkeit mehr zulässt. Es kommen folgende Produkte zum Einsatz:

MAGERMILCHPULVER UND VOLLMILCHPULVER

Der Einsatz von Milchpulver ist nicht als Ersatz für Milch oder als Ergänzung zur Milch zu verstehen, sondern lediglich, um fehlende Trockenmasse auszugleichen. Das bevorzugte Produkt ist Magermilchpulver, in Abkürzungen oder Rezepturen gerne als MMP bezeichnet. Es enthält etwa 46 Prozent Proteine und ist somit der ideale Zusatz, um Aufschlag und Volumen zu unterstützen. Dieser Stoff verleiht dem Eismix die Fähigkeit, Luft aufzunehmen und zu halten. Magermilchpulver lässt sich lange konservieren, d. h., es ist bei guten Lagerbedingungen (trocken, dunkel) lange haltbar. Der einzige große Nachteil des MMP ist der hohe Milchzucker-(Laktose-) Gehalt von etwa 52 Prozent. Diese Laktose allein ist in der Lage, das 6- bis 7fache ihres Eigengewichts an Wasser zu binden. Dies bedeutet, dass bereits der Zusatz von 9 Prozent Laktose in einem optimalen Eismix mit 65 Prozent Wasseranteil diesen Anteil komplett binden würde. Aus diesem Grunde wird empfohlen, nicht mehr als 11,5 Prozent Magermilchpulver als höchste Menge einzusetzen. Dieses entspricht einer Gesamtmenge Laktose von 5,89 Prozent.

Nicht jede Qualität von Magermilchpulver ist für die Eisherstellung geeignet. Wesentliche Unterschiede sind bereits in der Bezeichnung festzustellen. Gewalztes MMP eignet sich nicht für die Eisherstellung, aber auch bei den Sprühmagermilchpulvern muss auf Farbe und Körnung geachtet werden. Handelt es sich um Standardware für Bäckerei und Konditorei, ist das Produkt meist preiswert, hat aber eine gelbliche Färbung, die bei der Eisherstellung nicht erwünscht ist.

Das Magermilchpulver sollte von feinpulvriger Konsistenz, beinahe farblos und auf jeden Fall kalt löslich sein.

Es ist auch durchaus möglich, einen Eismix unter Verwendung von Vollmilchpulver herzustellen. Es hat üblicherweise einen Fettgehalt von 26 Prozent. Technisch gesehen besitzt auch das Vollmilchpulver einen geringen Wasseranteil in Höhe von 4 Prozent, der in der Bilanzierung mit erfasst werden sollte. Das MMP enthält hingegen nur etwa 1 Prozent Feuchtigkeit. Die Lagerfähigkeit von Vollmilchpulver ist allerdings begrenzt. Es sollte innerhalb von 2 Monaten verarbeitet werden, um auszuschließen, dass das Produkt ranzig wird. Ansonsten gelten die gleichen Lagerbedingungen wie bei Magermilchpulver.

Wenn Vollmilchpulver zu einer rekombinierten Milch verarbeitet wird (d. h., es wird unter Zugabe von Wasser eine Vollmilch hergestellt), aus der dann ein Eismix entstehen soll, ist es wichtig, diesen Mix mindestens acht Stunden lang reifen zu lassen. Dies ist notwendig, damit die bei der Pulverisierung der Milch in Milchpulver beeinträchtigten Milchproteine genügend Zeit bekommen, wieder Flüssigkeit aufnehmen zu können. Dabei werden sie wieder elastisch wie in ihrer ursprünglichen, flüssigen Form.

Um 10 Kilogramm Vollmilch mit einem Fettgehalt von 3,5 Prozent zu rekonstruieren, benötigt man 8,65 kg Wasser und 1,35 kg Vollmilchpulver mit 26 Prozent Fettanteil. Das entspricht einem Gesamtfettgehalt von 3,51 Prozent.

BERECHNUNG DES GESAMTFETTGEHALTS

Rechnerisch stellt sich dieses folgendermaßen dar:
1.350 g Vollmilchpulver x 26 % Fettgehalt = **351 g Fettgehalt**
351 g x 100 : 10.000 g Gesamtgewicht = **3,51 %**

Wie man sieht, kann man durch Anwendung des einfachen Dreisatzes auch bei der Eisherstellung schnell ein korrektes Ergebnis errechnen. Diese Rechenart sollte von jedem Eishersteller beherrscht werden, um eine exakte Bilanzierung durchführen zu können.

INULIN

Dieser neuartige Füllstoff war lange Zeit der Verarbeitung durch die Industrie vorbehalten. Heute wird Inulin als natürlicher Füllstoff in nahezu allen Eissorten eingesetzt.

Inulin ist ein weißes, pulverförmiges Produkt, das sehr gute stabilisierende Eigenschaften besitzt und im Austausch gegen Milchpulver gerne für veganes oder allergikergeeignetes Eis eingesetzt wird. Inulin wird aus der Zichorienwurzel gewonnen und ist ein hundertprozentiger Ballaststoff, der außerdem prebiotische Wirkung besitzt und sich somit positiv auf die Darmflora auswirkt. Inulin besitzt, wie jede Form der Trockenmasse, eine wasserbindende Wirkung und schließt beim Erhitzen sogar Fette auf. Dadurch ergibt sich ein sahniger Geschmackseindruck, und dies bei einer geringen Kalorienzahl: Inulin hat etwa 1 Kalorie pro Gramm. Ich setze Inulin vorzugsweise bei Eissorten ein, denen eine zweifache Bedeutung zukommt, wie beispielsweise Fruchteis. Dieses kann dann sowohl als normales Fruchteis, als auch dem Allergiker (Laktose-Intoleranz) oder Veganer angeboten werden. Das setzt allerdings voraus, dass das Fruchteis keine anderen Milchbestandteile enthält. Deshalb sollte bei der Herstellung unbedingt auf eine gut gereinigte Eismaschine geachtet werden.

Inulin ist ein Nahrungsergänzungsmittel und besitzt keine E-Nummer. In Fruchteis kann also ganz einfach der gesamte Anteil an Magermilchpulver, pro 4.000 g Eismix in der Regel 130 g, durch Inulin ausgetauscht werden. Um ein gut bilanziertes Milcheis besser zu stabilisieren, ist auf einen 4.000 g Eismix eine Zugabe von 60 bis 70 g ausreichend.

ZUCKER

Neben ihrem Hauptverwendungszweck, dem Süßen des Eises, fungieren die verschiedenen Zuckerarten auch als ein wirksames „Frostschutzmittel". Sie hemmen das Gefrieren des Wassers, indem sie es binden. Durch den verwendeten Zucker wird Eis cremig und weich, und beim Verzehr wird ein warmes Mundgefühl erreicht. Im Wesentlichen verwendet man den üblicherweise bekannten Kristallzucker zur Herstellung von Speiseeis. Außerdem können Kandiszucker, Staub- oder Puderzucker und Sandzucker als Abwandlungen der Saccharose Verwendung finden. Sie alle sind in Süße und Wirkung gleich. Es ist lediglich zu berücksichtigen, dass sie beim Gefriervorgang gelöst sein müssen.

Der Zucker ist, wie schon beschrieben, der bedeutendste Trockenmasselieferant. Dennoch ist ein zu hoher Einsatz dieses Rohstoffs mit einigen Risiken verbunden. Zu viel Zucker erschwert es der Eismaschine, den Eismix fest auszufrieren, d. h., das fertige Eis ist zu weich, um es gut portionieren zu können. Als Grundregel gilt: Je höher der Zuckergehalt, umso weicher ist das Eis; je niedriger der Zuckergehalt, desto härter ist das Eis. Zudem wird es vermutlich nach allgemeinem Geschmacksempfinden zu süß sein und kann außerdem kurz nach dem Verzehr Sodbrennen bescheren.

Sollte das Eis zu weich bleiben, wird häufig die Eismaschine dafür verantwortlich gemacht. Die gängigen Produktionsgeräte verfügen allerdings über eine mehr oder weniger konstante Kälteleistung.

Eine der häufigsten Ursachen ist deshalb ein zu hoher Gesamtzuckergehalt. Um den Fehler zu finden, wird eine Überprüfung sämtlicher Zutaten einschließlich der Geschmacksträger (Pasten) notwendig, in denen sich versteckte Zucker befinden können.

Die gewünschte Süße richtet sich ein wenig nach der Region. Dementsprechend kann der Eishersteller den benötigten Zuckergehalt individuell berechnen. Wichtig für Konsistenz und Geschmack ist der richtige Einsatz und das Spiel mit anderen Zuckerarten wie z. B. Dextrose oder Glukose. Eine der im Folgenden genannten Zuckerarten sollte in jedem Eismix verarbeitet sein, da sie eine unterschiedliche gefrierhemmende Wirkung sowie unterschiedliche Süße im Eis hervorrufen.

DEXTROSE und **GLUKOSE** zählen zu den Einfachzuckern. Dextrose, auch Traubenzucker genannt, wird immer pulverförmig gehandelt. Bei der Glukose ist Trockenglukose, aber auch Glukosesirup erhältlich. Trockenglukose ist leichter zu verarbeiten; außerdem rate ich von der Verarbeitung des Sirups aus hygienischen Gründen ab, da nur mit feuchten Händen oder anderem Werkzeug der klebrige, dickflüssige Sirup aus dem Behältnis entnommen werden kann. In der Regel werden zwei verschiedene Sorten von Glukose angeboten. Glukose 36 DE oder Glukose 42 DE. Auch verschiedene andere DE-Zeichen sind auf dem Markt zu finden. Unter anderem 32 DE, 52 DE, 62 DE. Dieses DE-Zeichen bedeutet auf Englisch „Dextrose-Equivalent" und zeigt den im Sirup enthaltenen prozentualen Anteil von Dextrose an.

Der **INVERTZUCKER**, ein flüssiger, industriell hergestellter Zuckersirup hingegen, wird meiner Erfahrung nach nicht mehr sehr häufig im Handwerk eingesetzt. Er entsteht durch das Mischen von Fruchtzucker und Dextrose bei der sauren Hydrolyse der Saccharose. Invertzucker wurde früher oftmals für die Eisherstellung in der traditionellen Vertikal- oder Spachtelmaschine eingesetzt, da er flüssig und somit bereits gelöst ist und dem Eis noch während des Gefrierprozesses zugegeben werden konnte. Dieser Zucker hat allerdings einen aus der Art schlagenden, gefrierhemmenden Charakter und ist deshalb nur mit äußerster Vorsicht zu verwenden.

Weitere natürliche Süßungsmittel sind **HONIG**, **AHORNSIRUP**, **AGAVENDICKSAFT** und **STEVIA**. Honig und Ahornsirup haben allerdings einen starken Eigengeschmack, der bei der Eisherstellung nicht immer erwünscht ist. Sie werden noch gesondert besprochen.

Ein weiterer Zucker, der sich oftmals versteckt hält, ist der **MILCHZUCKER**, auch **LAKTOSE** genannt. Milchzucker bildet etwa 50 Prozent der Milchtrockenmasse und ist in den entsprechenden Eissorten in nicht unerheblicher Menge vorhanden.
Der Milchzucker neigt leicht zum Auskristallisieren und ist nur schwer löslich. Deshalb erfordert auch die Verarbeitung von Vollmilchpulver eine Wärmebehandlung. Die normalerweise verwendete Milch ist bereits pasteurisiert, sodass auch der Milchzucker gelöst ist.

Die nachfolgende Tabelle zeigt, wie viel Zucker bei welchen Temperaturen aufgelöst wird. Berücksichtigen Sie bitte, dass es sich hierbei ausschließlich um die Lösbarkeit von Kristallzucker handelt:

IN 100 G WASSER BEI GRAD CELSIUS TEMPERATUR	GEWICHT IN GRAMM VON ZU LÖSENDEM ZUCKER
15 °C	190 g Zucker
20 °C	205 g Zucker
25 °C	210 g Zucker
30 °C	220 g Zucker
35 °C	230 g Zucker
40 °C	240 g Zucker

Auch andere pulverförmige Stoffe sind besser in warmen als in kalten Flüssigkeiten löslich. Grundsätzlich gilt: Je wärmer die Flüssigkeit ist, umso leichter lösen sie sich auf.

Allerdings neigt der zunächst gelöste Zucker durch das Gefrieren des Eises zum Rekristallisieren. Das eigentlich fachgerecht bilanzierte Rezept wird nach kurzer Lagerzeit als fertiggestelltes Eis wieder härter als gewünscht. Vorbeugend sollte deshalb in jeder Rezeptur Dextrose oder Glukose verwendet werden. Diese Zuckerarten verzögern, wie bereits erwähnt, die Eigenschaft des Kristallzuckers zum Rekristallisieren und fördern somit eine lang anhaltende, weiche Konsistenz und die gewünschte Cremigkeit des Speiseeises.

Im Folgenden zu den wichtigsten Parametern der verschiedenen Zucker bezüglich ihrer gefrierhemmenden Wirkung im Speiseeis: (In der nachstehenden Tabelle wurde als Ausgangspunkt der Kristallzucker mit einer Süßkraft von 100 Prozent sowie einer gefrierhemmenden Wirkung von ebenfalls 100 Prozent angesetzt)

ZUCKERART	SÜSSKRAFT	GEFRIER-HEMMENDE WIRKUNG	CHARAKTERISTIKA
Kristallzucker/ Saccharose	100	100	Preiswert, süß, senkt die Gefriertemperatur
Dextrose	70	130	Weniger süß, hemmt die Rekristallisierung, senkt die Gefriertemperatur um 30 Prozent mehr als Kristallzucker, vorteilhaft bei Milcheis
Glukose/ je nach DE	42 bis 68	100 bis 120	Liefert weniger Trockenmasse, vorteilhaft bei Fruchteis
Invertzuckersirup	120 bis 170	160	Senkt die Gefriertemperatur um 60 Prozent mehr als Kristallzucker, verhindert die Rekristallisierung, ist komplett gelöst

Die Tabelle liefert keine exakten Angaben für den Austausch verschiedener Zucker. Trotzdem lassen sich Obergrenzen bestimmen, inwieweit Kristallzucker durch andere Zuckerarten substituiert werden kann. Es können maximal 25 Prozent des Kristallzuckers problemlos durch Dextrose oder Trockenglukose ersetzt werden, Invertzucker kann maximal 10 Prozent des Kristallzuckers ersetzen. Niemals jedoch kann der enthaltene Kristallzucker vollständig substituiert werden, da der Einsatz von Dextrose, Glukose oder Invertzucker den Gefrierpunkt so stark herabsetzt, dass das Eis nicht mehr gefrierfähig ist.

RECHENBEISPIEL ZUM EINFLUSS DES ANGEWANDTEN ZUCKERVERHÄLTNISSES IN EINER REZEPTUR

Da Dextrose eine um 30 Prozent geringere Süßkraft besitzt als Kristallzucker, müssen 260 Gramm Dextrose zugefügt werden, um 200 Gramm Kristallzucker durch Dextrose zu ersetzen, bei gleicher Süße des Eises. Durch diesen Austausch wurden aber gleichzeitig 60 Gramm mehr Trockenmasse zugesetzt, was sich unter Umständen positiv auf die erstellte Rezeptur auswirken kann, wenn der Eismix einen geringen Feststoffanteil besitzt. Allerdings erreicht man durch diesen Austausch aber gleichermaßen einen Anstieg in der gefrierhemmenden Wirkung. Auf die vorherigen 200 g Kristallzucker bezogen, wird nun eine Gefrierhemmung wie bei 338 g Zucker erreicht (260 Gramm Dextrose mal Faktor 1,3 bei der Gefrierhemmung).

Auf diese Weise kann man durch den Zuckeraustausch Konsistenz, Süße, Cremigkeit und sogar Lagerfähigkeit eines Speiseeises stark positiv oder negativ beeinflussen. Bei Eissorten mit einem hohen Gehalt an Trockenmasse, bestehend aus Rohstoffen wie beispielsweise Haselnuss oder Schokolade, ist es besonders ratsam, einen Zuckeraustausch vorzunehmen, da diese Sorten leicht zum Trocknen oder Krümeln neigen. Der Einsatz von Dextrose hält die Milcheissorten länger cremig und weich, ohne durch höheren Einsatz von Zucker das Eis zu stark zu süßen.

GRUNDREGELN ZUM EINSATZ VERSCHIEDENER ZUCKERARTEN

> Der Gesamtzuckergehalt von Milcheis beträgt etwa 17 bis 20 Prozent.
> Es ist ratsam, jedem Milcheis Dextrose zuzusetzen, ab 25 Prozent vom Gesamtzuckergehalt gilt es, vorsichtig weiterzuexperimentieren.
> Trockenglukose sollte in jedem Fruchteis verwendet werden, ab 25 Prozent vom Gesamtzuckergehalt ist jedoch Vorsicht geboten, denn die Süße des Zuckers transportiert auch Geschmack. Zu wenig Süßkraft allerdings macht das Eis geschmacksarm. Glukose beginnt bei Kontakt mit Flüssigkeit sofort zu klumpen und entfaltet eine bindende Wirkung. Deshalb wirkt sie im Fruchteis ähnlich einem Emulgator, fördert also das Volumen, ist aber lediglich als Zucker anzusehen.

HONIG UND ANDERE NATÜRLICHE SÜSSUNGSMITTEL

Eine Alternative zum Süßen mit Zucker ist das Süßen mit Honig. Dafür stehen die verschiedensten Honigarten zur Verfügung. Wer rein biologisch süßen möchte, kann auf entsprechend produzierte Honigarten zurückgreifen. Bienenhonig hat einen Wasseranteil von etwa 20 Prozent und einen Zuckergehalt von etwa 80 Prozent. Dies muss bei der Bilanzierung der Rezeptur berücksichtigt werden. Außerdem macht Honig das Eis in der Konsistenz weicher als Zucker. Wegen der sortenabhängigen Zuckeranteile ist es nicht einfach, ein Eis durch reine Honigzugabe zu berechnen.

Kalkulatorisch werden 100 Prozent Zucker durch die gleiche Menge an Honig ersetzt. Da Honig in jedem Fall aber geschmacklich dominant ist, gerät der eigentlich angestrebte Geschmack des Eises leicht ins Hintertreffen. Ein kompletter Ersatz von Zucker durch Honig ist also lediglich bei reinem Honigeis oder in Verbindung mit starken Weihnachtsgewürzen wie Zimt, Kardamom, Anis usw. angebracht.

AHORNSIRUP

Auch Ahornsirup gehört in die Reihe der alternativen Süßungsmittel. Der für gewöhnlich etwas höhere Wasseranteil als von Honig – etwa 35 Prozent und dementsprechend etwa 65 Prozent Zuckergehalt – bringt die gleichen Probleme mit sich wie der Honig. Trotzdem ist der Ahornsirup aufgrund seines nicht zu dominanten Geschmacks eine gute Alternative zum Süßen von Speiseeis. Besonders in dunklen Eissorten und allen Nusseissorten entfaltet der Ahornsirup seinen runden, durchaus eigenen Geschmack. Da er etwas teurer ist, sollte Ahornsirup genau wie Honig nur als Alternative oder ergänzend zum Zucker eingesetzt werden.

STEVIA

Der in der ursprünglich aus Paraguay stammenden Stevia-Pflanze enthaltene süßende Stoff Steviosid kann in reinster Form eine 150- bis 300-mal stärkere Süßkraft entfalten als Rübenzucker. Stevia war bis 2011 umstritten, hat inzwischen jedoch seine EU-Zulassung erhalten. Ein großer Vorteil besteht in der Kalorienarmut des Stoffes. Ein Problem stellt jedoch die fehlende Trockenmasse dar, denn beim Einsatz fehlen etwa 98 Prozent der Trockenmasse aus dem bisher verwendeten Kristallzucker. Außerdem ist der Stoff verhältnismäßig teuer.

FETTE

Fett verleiht dem Speiseeis eine sahnig-teigige Konsistenz, macht es aber bei zu hohem Anteil sehr fest. Es verleiht dem Eis die gewünschte Geschmeidigkeit, Struktur und Körper. Ein vollmundiges Gefühl beim Verzehr ist die Folge.

Welches Fett man bei der Eisherstellung benutzt, ist physikalisch fast unerheblich. Meist wird tierisches Fett verwendet, da der Gesetzgeber die Verwendung von pflanzlichem Fett mit Deklarationsvorschriften belegt hat.

Butter weist einen Fettgehalt von 85 Prozent auf. Ob man die reine Butter verarbeitet oder eine Emulsion – die Sahne – bleibt einzig und allein dem Eishersteller und seiner Verarbeitungsmethode überlassen. Der Fettanteil von Milcheis sollte bei mindestens 3 Prozent und höchstens 10 Prozent liegen, denn bis zu einem Fettgehalt von maximal 10 Prozent kann eine Volumenzunahme erreicht werden. Ab einem höheren Wert kann dies ins Gegenteil umschlagen, da der hohe Fettanteil es nicht erlaubt, die eingeschlagene Luft ohne besondere Hilfsmittel zu halten. Während in Deutschland das technologische Optimum zwischen 6 bis 10 Prozent Fett liegt, sind in Italien die Eissorten meist fettärmer, in den USA aber wesentlich fettreicher. Premiumsorten erreichen dort einen Fettgehalt von bis zu 22 Prozent.

Bei einem Fettgehalt von 6 bis 10 Prozent erreicht man einen optimalen Overrun und leicht verdauliches, nicht durch Fett- oder Buttergeschmack geprägtes Speiseeis.

Alternativ kann auch Margarine, Kokosfett, Palmfett oder Rapsöl für die Speiseeisherstellung verwendet werden. Diese Pflanzenfette weisen allerdings nicht den sahnigen Geschmack der Butter auf, sind meistens aber gerade deshalb beliebt, weil sie relativ geschmacksneutral sind. Außerdem ist ein solches Eis für Allergiker geeignet, die stark auf Milchproteine bzw. Milchfette reagieren, aber nicht auf den Genuss von Eis verzichten wollen. Selbstverständlich müssen dann auch alle anderen verarbeiteten Produkte auf diese Inhaltsstoffe hin überprüft werden.

Zu beachten ist, dass jegliche Art von Speiseeis bei der Verarbeitung von Pflanzenfetten als sogenanntes „Eis" deklariert werden muss.

Das am häufigsten verarbeitete Fett entstammt der Sahne. Der Fettgehalt handelsüblicher Sahne ist von Land zu Land unterschiedlich und liegt zwischen 28 und 42 Prozent. Sollte in einem Land produziert werden, in dem keine Angaben verlangt werden und keine Fettangabe vorhanden ist, so kalkuliert man am besten mit einem Mittelwert, der bei 32 Prozent liegt. Des Weiteren ist zu beachten, dass zahlreichen Sahnesorten Bindemittel wie z. B. Carrageen zugesetzt werden. Dies ist bei der Erstellung von Inhaltsangaben und Zusatzstofflisten zu beachten.

Alle genannten Fette benötigen, um die bei der Produktion eingeschlagene Luft halten zu können, unterstützende Zutaten, wie z. B. Lecithin oder Protein. Lecithin wirkt im Eis als Emulgator, das Protein wirkt als Stabilisator. Beides ist in natürlicher Form unter anderem in Eiern vorhanden.

EIER

Das Ei im Sinne des Gesetzgebers ist immer ein Hühnerei. Bei der Herstellung von Speiseeis darf keine andere Art von Ei verwendet werden. Ei kann als Frischei, getrocknet, pulverisiert, pasteurisiert oder gefroren verarbeitet werden. Es gibt dem Eis seinen typischen Geschmack, eine natürliche Farbe und dient als Fettlieferant, Bindemittel und Emulgator.

Die Verwendung von Ei in der Eisherstellung ist heute unter Fachleuten umstrittener denn je. Haben in früheren Zeiten alle Eishersteller Ei als gängige Grundzutat verwendet, wenden sich heute immer mehr Eishersteller von diesem Produkt ab. Die Gründe liegen auf der Hand: Eier sind leicht verderblich, und bei Verwendung von rohen Eiern kann eine gewisse Salmonellengefahr leider nicht ausgeschlossen werden, sodass der Verbraucher gegenüber der Verarbeitung von Ei oder Eiprodukten skeptisch geworden ist. Bei der Herstellung von Cremeeis kann grundsätzlich nicht auf den Einsatz von Ei verzichtet werden, bei allen anderen Eissorten jedoch kann das Ei durch ein Eisbindemittel oder einen Stabilisator mit ähnlichen physikalischen Eigenschaften ersetzt werden.

Für die Verarbeitung von Frischei sind einige besondere Vorgehensweisen gesetzlich vorgegeben. Für die Aufbewahrung von Frischeiern wird empfohlen, einen separaten Kühlschrank zu benutzen. Nach jedem Aufschlagen der Eier sind Arbeitsmaterialien, Tisch und natürlich auch Hände gründlich zu reinigen und zu desinfizieren, was einen zusätzlichen Arbeitsaufwand bedeutet. Der Grund hierfür liegt auf der Hand: Die meisten Keime befinden sich auf der Schale der Eier.

Die Industrie bietet aber mittlerweile qualitativ hochwertige Alternativprodukte zum Frischei. So sind kostengünstige, bereits pasteurisierte Vollei- oder Eigelberzeugnisse im TetraPak erhältlich, die auch über eine angemessene Mindesthaltbarkeit

verfügen. Auch Eigelb und Eiweiß in Pulverform, tiefgefroren oder gefriergetrocknet zu erhalten ist heute kein Problem mehr. Doch obwohl diese Produkte durch die Pasteurisation praktisch keimfrei bzw. keimarm gemacht wurden, sollten sie nach dem Öffnen bzw. nach dem Auftauen schnellstens verarbeitet werden, da sie durch in der Luft enthaltene Keime kontaminiert werden können. Berücksichtigen sollte man bei ihrem Einsatz außerdem die etwas geringere Volumenzunahme im Gegensatz zum Frischei. Der Grund hierfür ist die Erhitzung der pasteurisierten Produkte.

Wer bei der Verarbeitung von Eiern auf Nummer Sicher gehen will, sollte aus qualitativen sowie aus hygienischen Gesichtspunkten Eismix immer pasteurisieren (weitere Informationen zu diesem Thema im Kapitel 3 ab Seite 67).

Hat man sich für die Verarbeitung von Ei entschieden, sollte man allerdings einige Aspekte unbedingt abwägen: Abgesehen von der außergewöhnlichen Bindekraft von Ei – in der feinen Konditorei wird es deshalb bei der Herstellung von Cremes, Mousses und Sahnecremes nach traditioneller Art verarbeitet – wird Eis durch seine Verarbeitung schnell schwer, da das Eigelb einen Fettgehalt von mehr als 30 Prozent hat. Es ist also genauso fettreich wie Sahne. Bereits an anderer Stelle wurde erwähnt, dass dies für den sich immer gesundheitsbewusster ernährenden Verbraucher oftmals ein Problem darstellt. Bei einem Cremeeis Vanille könnte der Verbraucher das noch akzeptieren, doch wie sieht es aus, wenn man aus der gleichen Basismasse ein Haselnuss-, Nougat- oder Schokoladeneis herstellt, bei dem der Geschmacksstoff ebenfalls erhebliche Fettmengen beisteuert?

Es soll an dieser Stelle niemand angegriffen werden, der seit Jahren mit einem auf diese Art produzierten Eis erfolgreich ist. Trotzdem muss die Frage erlaubt sein, ob man dem Wunsch nach gesunder Ernährung von Seiten des Verbrauchers nicht nachkommen sollte. Weniger ist manchmal mehr.

Die grundlegende Frage, ob Eier verarbeitet werden sollten oder nicht, kann nicht erschöpfend beantwortet werden. Alle im Ei enthaltenen Stoffe können anderweitig ersetzt werden. Dennoch ist es möglich, bei einem Eis mit höherem Fettgehalt ein bis zwei Eigelb pro Kilogramm Eismix zuzufügen, um das Fett beim Luftaufschlag zu unterstützen und Stabilisator einzusparen. Sein Einsatz kann um etwa 10 Prozent reduziert werden.

BINDEMITTEL UND STABILISATOREN

Die pulverförmigen Bindemittel sind beinahe ausnahmslos pflanzlicher Herkunft. Meistens bestehen die handelsüblichen Mischungen aus Stabilisatoren und Emulgatoren, also Mixturen verschiedener Typen untereinander. Diese Erzeugnisse sind notwendig, um das noch freie bzw. das sich wieder freisetzende Wasser nach dem Gefriervorgang zu binden. Sie erzeugen ein glattes und cremiges Eis, welches auch bei längerer Lagerung in der Eisvitrine keine Wasserkristalle bilden soll. Der Zusatz von Bindemitteln ist zwar nicht zwingend notwendig, aber sie bewirken ein homogeneres Eisgemisch, welches sich auch beim Verzehr durch langsameres Abschmelzen auszeichnet. Die Dosierungen werden vom Hersteller als Höchstangaben pro Liter gerechnet. Falsche, zu hohe Dosierungen führen zu zähen, kaugummiartigen Erscheinungen; zu geringe Dosierungen oder nicht fachgerechte Verarbeitung lassen das fertige Eis schnell Wasserkristalle bilden, die beim Verzehr sehr unangenehm sind und das Eis rau machen.

Immer wieder hört man von älteren Eisherstellern, dass sie überhaupt keine Bindemittel im Speiseeis verarbeiten. Natürlich kann auf deren Einsatz verzichtet werden, wenn das Eis innerhalb weniger Stunden verkauft wird. Bei der riesigen Auswahl an verschiedenen Eissorten ist dies allerdings bei den meisten Eisherstellern, auch aufgrund der wechselhaften Witterung, die reine Utopie. Außerdem finden trotzdem Stoffe mit ähnlicher Wirkung ihre Anwendung, wenn auch unbewusst. Dieses gilt im Wesentlichen bei Verwendung von Eiern. Das Eigelb besitzt einen hohen Gehalt an Protein und auch an Lecithin, wie bereits zuvor beschrieben. Das Eiweiß wurde früher oftmals dem Fruchteis zugegeben. Wegen seiner stark aufschlagenden Eigenschaft wurde es als Stabilisator benutzt. Also ist die These, früher gänzlich ohne Bindemittel gearbeitet zu haben, so nicht richtig – bis zu 15 Eigelbe je Liter Eismix stellen schon eine erhebliche Menge an Bindemittel dar.

Heute werden gerne Eisbindemittel herangezogen, die in ihrer Dosierung bei 10 bis 400 Gramm pro Kilogramm Eismix liegen und dann als sogenannte Base oder Basis bezeichnet werden. Diese Halbfertig- oder Convenienceprodukte sind stets Gemische aus einem oder mehreren reinen Bindemitteln und verschiedenen Füll- und Trägerstoffen wie Zucker, Dextrose, Magermilch oder Vollmilchpulver, Trockenglukose, Sahnepulver, Milchprotein, Aroma, Pflanzenfett, Emulgatoren oder ähnlichen Stoffen. Alle Hersteller dieser Produkte halten sich bei der Dosierung an die Vorschriften des Gesetzgebers, der es nicht gestattet, mehr als 0,5 bzw. 0,6 Prozent reines Bindemittel im Eismix zu verarbeiten. Das bedeutet, auch die höchste Dosierung einer Base beinhaltet nicht mehr als die vom Gesetzgeber zugelassene Höchstmenge des Stabilisators, sondern lediglich ein Mehr an Füllstoffen.

Eine Gefahr besteht zum einen in der Abhängigkeit des Eisherstellers von seinem Lieferanten, da diese hoch dosierten Basen keine Bilanzierung mehr erlauben, in der Einsatzmenge sehr teuer sind und das so hergestellte Eis zum uniformierten Convenience-Produkt werden lassen. Je geringer die Dosierung – ich empfehle maximal 30–50 Gramm Basen – umso freier ist der Eishersteller in der Veränderung und Optimierung seiner Rezepturen.

Ein Produkt, in dem lediglich der reine Wirkstoff zu finden ist, wird als „Neutro“ bezeichnet. Neutro ist erhältlich in Dosierungen von 1 bis 7 Gramm pro Kilogramm Eismix.

Bevorzugt wird für die Eisherstellung eine sowohl kalt als auch warm lösliche Base verwendet. Für Fruchteis wird gerne eine Base herangezogen, die wenig oder gar keine Magermilchbestandteile enthält. Sie führt zu besseren Ergebnissen, da es nicht zu einer Gerinnung von Milchproteinen durch die Fruchtsäuren kommen kann. Diese Basen garantieren auch dem Laien ein leichtes Arbeiten, da die Bildung von Klumpen durch die leicht gestreckten Stabilisatoren weitestgehend ausgeschlossen werden kann. Außerdem hat man natürlich weniger Probleme beim Abwiegen dieser Produkte. Als Beispiel können wir einen Milcheismix anführen, der für eine typische Fünf-Liter-Eisschale hergestellt wird. Wenn wir hierbei ein Zwei-Gramm-Bindemittel einsetzen, benötigen wir etwa 3,8 Kilogramm Eismix zum Füllen des Behälters.

3,8 x 2-Gramm-Bindemittel entspricht einer Zugabemenge von 7,6 Gramm reinen Stabilisators für diesen Eismix. Nehmen wir für diesen Eismix eine 30-Gramm-Basis, ermitteln wir 3,8 x 30 Gramm = 114 Gramm Basis. Es ergibt sich von selbst, dass das Abwiegen der höher dosierten Basis wesentlich einfacher ist, zumal manche Waagen gar nicht für das Abwiegen geringer Mengen geeignet sind. Selbst Digitalwaagen, die mit 2-Gramm-Wiegeschritten arbeiten, garantieren kein korrektes Ergebnis, weil wir nicht genau wissen, ob schon ab 1 Gramm auf dem Wiegeteller tatsächlich gewogen wird. Viele Digitalwaagen starten erst ab 10 Gramm. Um bei unserem Beispiel zu bleiben, ergäbe das bei Verwendung des reinen Bindemittels eine überhöhte Dosierung von 2,4 Gramm, was einem Anteil von etwa 32 Prozent entspricht. Bei der Basis lägen wir bei gleicher Kalkulation mit einer maximalen Abweichung von 10 Gramm bei einem Prozentsatz von 5 Prozent, also im Toleranzbereich, der qualitativ kaum spürbar wäre. Bei dem reinen Bindemittel allerdings hätten wir ein sehr zähes Eis hergestellt. Einzig die Preisfrage spielt hier vielleicht noch eine Rolle, da die Basen natürlich durch mehr Arbeitsaufwand und das Vormischen etwas teurer im Einkauf sind. Doch bei fehlender Wiegetechnik wird der beim Einkauf gesparte Preisvorteil schnell wieder „verwogen“. Welche Basis nun die beste ist, das muss jeder Eishersteller für sich selbst ausprobieren. Hier spielen einige Faktoren eine Rolle: Wie viel verarbeitet man pro Jahr, kann man besondere Abnahmeverträge mit Händlern oder Herstellern direkt abschließen usw.

Grundsätzlich wird eine Mischung aus Johannisbrotkernmehl und Guarkernmehl bevorzugt. Sie vereint einige Vorteile:

Johannisbrotkernmehl ist in der Lage, bis zum 400-fachen seines Eigengewichts an Wasser dauerhaft zu binden, was natürlich von großem Vorteil ist, um dem Rekristallisieren vorzubeugen. Guarkernmehl allein würde zum Kleben am Gaumen neigen und zu einer gummiartigen Eiskonsistenz führen. Aber auch andere Bindemittel, die mit den unterschiedlichsten Charakteristika arbeiten, finden bei der Eisherstellung ihre Anwendung.

Alle Stabilisatoren besitzen eine E-Nummer. Aus diesem Grund sind sie als Verdickungsmittel in der Inhaltsangabe bzw. in der Zusatzstoffliste zu kennzeichnen.

Durch die Kombination verschiedener Stoffe wird versucht, die technologisch beste Mischung zu finden. Da verschiedene Bindemittel sich in ihrer Wirkung ergänzen oder auch neutralisieren könnten, sind die Mischungsverhältnisse nicht immer gleich.

Da alle Bindemittel wegen ihres hohen Quellvermögens und der damit verbundenen Wasseraufnahmefähigkeit verarbeitet werden, ist es außerordentlich wichtig, die Herstellerhinweise (falls erhältlich) genauestens zu beachten. Das Gleiche gilt für die sogenannte Reifezeit. Grundsätzlich kann man sagen: Je preiswerter das Eisbindemittel, das Sie verarbeiten, desto länger die Reife- oder Quellzeit. Um ein gutes Eis erzeugen zu können, braucht es, wie schon erwähnt, qualitativ hochwertige Produkte. Hier ist es kalkulatorisch nicht sehr erheblich, ob Sie einen Euro mehr oder weniger für ein preiswertes oder besseres Bindemittel ausgeben, da die wesentlich kürzere Reifezeit und die geringere Einsatzmenge des guten Bindemittels dies wieder auffängt. So benötigen Sie weniger Aufbewahrungsbehältnisse, wie z. B. Edelstahleimer.

Auch Kühlmöglichkeiten, wie z. B. einen Kühlschrank, benötigt man bei den schnell reifenden Produkten nicht. Denn es ist klar, dass auch für das Zwischenlagern, zum Reifen eines kalt angesetzten Eismixes, die Kühlkette (+4 bis +6 °C) nicht unterbrochen werden darf. Der Nachteil dieser Produkte besteht nicht nur in dem etwas höheren Preis. Beim genauen Bilanzieren weiß man in der Regel nicht, in welchen Mengen die Rohstoffe in dieser Basis enthalten sind. Hier kann man sich nur an der Herstellerdeklaration der Inhaltsstoffe orientieren, die immer in absteigender Reihenfolge angeordnet sind. Aufgrund der Tatsache, dass diese Produkte ohnehin nicht sehr hoch dosiert zum Einsatz kommen, kann man in etwa einschätzen, wie hoch die Anteile der einzelnen Zutaten in der Gesamtrezeptur sind und, ob sie überhaupt wesentliche technologische Änderungen hervorrufen.

Wichtig ist allerdings, die richtige Wirkung des verarbeiteten Bindemittels zu überprüfen. Da jeder Rohstoffzulieferer über eine Vielzahl von Produkten verfügt, ist dieses tatsächlich eine mühsame und zeitaufwendige Arbeit, die sich aber in den Wintermonaten gut bewerkstelligen lässt.

Ich stelle meine eigenen Basen her. Diese beinhalten 4 bis 5 Zutaten, je nach Verwendungszweck. Ich benötige flexible Bindemittel, die problemlos wiegbar und verarbeitbar sind, mit möglichst wenig E-Nummern, ohne Emulgatoren, Aromen und erst recht ohne Pflanzenfette.

EIGENSCHAFTEN WEITERER STABILISATOREN

- **GELATINE** Gelatine wird aus tierischem Bindegewebe hergestellt. Sie ist das am frühesten eingesetzte und älteste bekannte Bindemittel. Sie benötigt eine lange Quellzeit und gibt dem Eis ein sehr hohes Volumen. Sie wird im Wesentlichen für Milcheismixe eingesetzt.
- **AGAR-AGAR** Ein Algenextrakt aus den Zellwänden der Rotalge, der ähnlich wie die Gelatine sehr große Wassermengen aufnehmen kann. Ein teures Produkt, welches hauptsächlich im Fruchteis verwendet wird.
- **CARRAGEEN** Wie Agar-Agar der Extrakt aus einer Alge. Dieses Produkt wird wegen seiner Schleimbildung immer in Verbindung mit anderen Bindemitteln verarbeitet. Häufig in Molkereiprodukten zu finden, beispielsweise in Schlagsahne.
- **NATRIUMALGINAT** Bindestoff aus einer Riesenalge im Pazifik. Wirkt sehr stark aufschlagend und hinterlässt keinen störenden Bei- oder Nachgeschmack.

EMPFOHLENE HÖCHSTDOSIERUNGEN FÜR STABILISATOREN

> Gelatine bis maximal 0,60 %
> Johannisbrotkernmehl und/oder Tragant bis maximal 0,60 %
> Methylcellulose und/oder Carboxymethylcellulose bis maximal 0,50 %
> Guarkernmehl bis maximal 0,40 %
> Pektine, Alginsäuren, Calcium-Natrium-Kaliumalginate bis maximal 0,30 %
> Mono- und Diglyceride von Speisefettsäuren bis maximal 0,30 %
> Carrageen bis maximal 0,30 %
> Agar-Agar bis maximal 0,16 %
> Stärke maximal 1,00 %

Schwierig und langwierig ist die Auswahl der reinen Stabilisatoren Johannisbrotkernmehl und Guarkernmehl. Hierbei muss man berücksichtigen, dass es sich um natürlich wachsende Schotenprodukte handelt, die je nach Sorte, Reifegrad und Weiterverarbeitung unterschiedliche Bindefähigkeit besitzen und deshalb auch unterschiedlich dosiert werden müssen. Ich habe mich letztlich auf zwei Produkte konzentriert, die mir nach vielen Gefrierversuchen und dem täglichen Einsatz in unserem Eiscafé als optimal erschienen. Ein gutes Johannisbrotkernmehl darf gerne um die 35 € pro Kilogramm kosten, Guarkernmehl ist vergleichsweise preiswert mit 10 bis 15 € pro Kilogramm. Die Einsatzmenge eines Gemischs beider Stoffe liegt bei 1 bis 5 Gramm pro Kilogramm Eismix. Alle anderen beigemischten Produkte dienen lediglich der Streckung und demzufolge dem leichteren Wiege- und Mischvorgang beim Anmischen des Eismixes.

Zur Herstellung meiner kalt und warm löslichen Milchbase mische ich noch je einen Anteil Magermilchpulver, Dextrose und getrockneten Glukosesirup bei. Für die Fruchtbase benötige ich lediglich Dextrose und getrockneten Glukosesirup. Beide Produkte verarbeite ich zu einer 30-Gramm-Base. Diese Basen lassen sich schwierig selbst auf Vorrat mischen, denn ein schnelles Trennen der pulverförmigen Rohstoffe kann nicht verhindert werden. Sie sind aber bei vielen Rohstofflieferanten erhältlich.

EMULGATOREN

Emulgatoren sind Hilfsmittel, die in der Lage sind, Stoffe miteinander zu verbinden, die sich sonst abstoßen würden (beispielsweise Wasser und Fett). Sie dienen als „Klebstoff" zwischen diesen Produkten, um sie homogen zu verbinden.

Bei der Eisherstellung werden Emulgatoren als Aufschlagmittel eingesetzt, um den Lufteinschlag zu erhöhen und Fehler in den Rezepturen auszugleichen. Sie bestehen in der Regel aus Mono- und Diglyceriden von Speisefetten (Glycerin). Diese, in der Regel pastösen und leicht milchig aussehenden Zusatzstoffe sind natürlich korrekt zu kennzeichnen.

Die Verarbeitung von Emulgatoren scheint simpel. Leider werden hier dennoch häufig große Fehler gemacht, die zur geschmacklichen Verfälschung des Eises beitragen.

Pastöse Emulgatoren werden dem Eis beigemischt, wenn dies in der Eismaschine gefriert. Es ist hierbei zunächst auf die Dosierungsempfehlung des Herstellers zu achten, die in der Regel bei 3 bis

5 Gramm pro Kilogramm Eismix liegt. Hat das gefrierende Eis eine ähnliche Konsistenz wie der Emulgator, kann dieser zugegeben werden.
Er vermischt sich hierdurch besser und wirkt effizienter, als wenn man ihn bereits beim Anmischen mit dem Mixstab zugibt. Wird ein solcher Emulgator erhitzt, verliert er einen Großteil seiner Wirkung. Die pulverförmigen Emulgatoren, die häufig bereits in den Basen enthalten sind, lassen sich besser erhitzen.

Wichtig bei der Verwendung von Emulgatoren ist die Einsicht des Herstellers, dass diese Wundermittel auch Nebeneffekte haben. Ist der Emulgator überdosiert oder falsch verarbeitet, bleibt nach dem Eisverzehr ein Fettfilm am Gaumen übrig, der sehr nachteilig schmeckt. Derartige Nebenerscheinungen werden vom Kunden gerade bei einem handwerklichen Produkt kaum akzeptiert.

ZUSATZSTOFFE

Eine Zusatzstoffliste ist von jedem Eishersteller zu führen und auf Verlangen des Kunden oder des Kontrolleurs vorzuzeigen. Sie dient dazu, dem Kunden eine Übersicht der verwendeten Zusatzstoffe zu geben, und bietet Allergikern Hilfestellung.

Ein Zusatzstoff ist nicht grundsätzlich ein künstliches Produkt. Alle Produkte – ob natürlich, naturidentisch oder künstlich –, die entweder Farbe, Konsistenz und/oder Säuerung des Hauptbestandteils beeinflussen oder verändern, gelten als Zusatzstoffe. Alle Zusatzstoffe besitzen sogenannte E-Nummern und müssen bei Verwendung in der Zusatzstoffliste aufgeführt werden. So sollten alle Verdickungsmittel, Säuerungsmittel, Emulgatoren, Trennmittel und Farbstoffe für jedes Produkt aufgeführt werden.

Beispiel einer Zusatzstoffliste

PRODUKTNAME	VERDICKUNGS-MITTEL	FARBSTOFFE	SÄUERUNGS-MITTEL
Milcheis Vanille	Johannisbrotkernmehl E 410 Guarkernmehl E 412	Beta Carotin E 160 A	—
Fruchteis Erdbeere	Johannisbrotkernmehl E 410 Guarkernmehl E 412	—	Zitronensäure E 330
Joghurteis	Johannisbrotkernmehl E 410 Guarkernmehl E 412	—	—
Milcheis Pistazie	Johannisbrotkernmehl E 410 Guarkernmehl E 412	Chlorophyll E 140	—

GESCHMACKSZUTATEN

VANILLE

Vanille ist die Frucht einer Orchideenart und zählt zu den hochpreisigen Gewürzen.

Sie wird fälschlich als Vanilleschote bezeichnet, ist aber in Wirklichkeit eine kapselartige Frucht, die ihr dunkles, ledernes Aussehen erst nach der Fermentation erhält. Bei der Ernte ist die Vanille grün und ähnelt einer Bohne bzw. Hülsenfrucht. Durch diese Tatsache und die Übersetzung aus dem spanischen „vainilla“ (kleine Hülse/Schote) entwickelte sich der umgangssprachliche Ausdruck „Schote“.

Die bekannteste Vanilleart ist wohl die sogenannte Bourbonvanille. Sie stammt von der Insel Réunion im Indischen Ozean, früher Île Bourbon genannt.

Der Aromastoff Vanillin ist in geringen Mengen in den Schoten enthalten. Um das Aroma zu verstärken, werden die Vanilleschoten heute oftmals mit künstlichem Vanillin eingesprüht, das später auskristallisiert. Dieses künstliche Vanillin darf nicht in allen Sorten Speiseeis verarbeitet werden und muss außerdem als Vanillegeschmack gekennzeichnet werden.

Vanilleeis ist heute das meistverkaufte Speiseeis in Deutschland. Es wird auch für die Zubereitung von Eiskaffee und verschiedenen anderen Mischungen gebraucht.

KAKAO/ SCHOKOLADE

Bei Kakao und Schokolade muss je nach Anwendung unterschieden werden:

1. KAKAOMASSE

(gepresster Rohkakao mit Kakaobutteranteil)

Die Kakaomasse ist in Block- oder Chipsform (Callets) erhältlich und hat aufgrund des nicht vorhandenen Zuckers einen sehr herben, reinen Kakaogeschmack. Sie muss auf mindestens 92 °C erwärmt werden, um den Geschmack weitestgehend abgeben zu können. Kakaomasse ist als Abrundung im Schokoladeneis oder fein vermahlen als Zugabe geeignet.

2. KAKAOPULVER

(gemahlene Kakaomasse)

Kakaopulver ist standardisiert mit viel Fett (schwach entölt, 20 bis 24 Prozent) oder mit wenig Fett (stark entölt, 10 bis 12 Prozent) erhältlich. Für Schokoladeneis ist das fettreichere, meist auch dunklere Kakaopulver vorzuziehen. Auch Kakaopulver muss über 92 °C erwärmt werden, um seinen Geschmack aufzuschließen.

3. SCHOKOLADE/KUVERTÜRE

(Mischprodukt aus Kakaomasse, Zucker, Kakaobutter und/oder Milchpulver)

Bei der Verarbeitung von Schokolade muss der Zuckergehalt kalkulatorisch berücksichtigt werden, um zu vermeiden, dass das Eis zu weich oder zu süß wird. Die Bezeichnung 70/30/40 einer Kuvertüre bedeutet zum Beispiel: 70 Prozent Kakaobestandteile, 30 Prozent Zucker, 40 Prozent Kakaobutter (in den Kakaobestandteilen enthalten).

4. FETTGLASUR

(Schokolade mit pflanzlichen Fetten (z.B. Kokosfett))

Fettglasur eignet sich nicht zur Herstellung von Schokoladeneis, da Fremdfette enthalten sind. Für die Herstellung von Stracciatellaeis allerdings ist die Verwendung einer hochwertigen Fettglasur dennoch empfehlenswert, da die Stückchen in dem kalten Eis schmackhafter sind als reine Schokoladenstückchen und sich mit ihrem leichten, knackigen Bruch gut verzehren lassen. Die Verwendung von Fettglasur muss jedoch immer gekennzeichnet werden.

FRÜCHTE UND FRUCHTPRODUKTE

Der Einsatzbereich von Früchten ist nahezu unerschöpflich. Grundsätzlich können alle Sorten frischer Früchte – saisonal und regional begrenzt – zu Eis verarbeitet werden, wobei die Frucht entweder zerkleinert (Erdbeeren, Himbeeren), geschält und püriert (Äpfel, Birnen), entsteint und püriert (Pflaumen und Pfirsiche) oder gepresst (Zitronen, Orangen) wird.

Viele Arten können auch bereits als fertige Säfte bezogen werden. Saftkonzentrate, beispielsweise von Zitronensäften, sind nicht besonders gut geeignet, da sie herstellungsbedingt starke ätherische Öle aus der meist weißen Zwischenhaut enthalten und bitter schmecken. Auch Fruchtpüree kann zum Einsatz kommen. Man muss jedoch den Zuckergehalt, oftmals vom Hersteller zugefügt, beachten.

Die Verarbeitung von Tiefkühlfrüchten ist dagegen unproblematisch und hygienisch unbedenklich. Die Frucht muss lediglich komplett und schonend aufgetaut sein und sollte für diesen Vorgang nicht manuell erhitzt werden (Kapitel „Fruchteis und Sorbets“, Seite 126). Gefriergetrocknete Früchte werden seltener zu Eis verarbeitet, häufig aber als Fruchtstücke zum fertigen Eis gegeben.

NÜSSE, MANDELN & CO.

Für die Eisherstellung reicht es nicht aus, Nüsse, Mandeln, Pistazien usw. in gerösteter und gemahlener Form zu verarbeiten. Um einen optimalen Geschmack zu erzielen ist es notwendig, diese zu walzen. Hierdurch erhält man eine pastöse Masse: das Mark. Erst durch Einbringen des Nussmarks in die Eismasse und anschließendes Erhitzen wird ein ausreichend aromatischer Geschmack gewonnen. Da die technischen Voraussetzungen hoch sind, lohnt es sich in der Regel nicht, selbst zu walzen, man wird eher ein qualitativ hochwertiges Grundprodukt zukaufen.

SAUERMILCH-PRODUKTE

Joghurt, Quark & Co. sind beliebte Geschmacksstoffe, gerade in den warmen Sommermonaten. Sie verhalten sich, mit wenigen Ausnahmen, nicht anders als Milch. Lediglich der Fettgehalt und die Trockenmasse ändern sich von Produkt zu Produkt.

Soll ein Eis als „Joghurteis, Quarkeis, Sauerrahmeis" o.ä. bezeichnet werden, muss frischer Joghurt – oder das jeweils verwendete Sauermilchprodukt – den größten Anteil der Milchbestandteile liefern. Allgemein müssen mindestens 35 Prozent der Gesamtmenge aus dem jeweiligen Sauermilchprodukt bestehen.

KRÄUTER UND GEMÜSE

Nahezu jedes Kraut und jedes Gemüse eignet sich, um in Eis verarbeitet zu werden. Am unkompliziertesten funktioniert dies bei den weichen Arten wie Minze, Basilikum, Salbei usw. Dazu werden die Kräuter fein zerkleinert, anschließend in wenig warmer Flüssigkeit (50 °C) kurz ziehen gelassen und mit der Flüssigkeit direkt dem restlichen Eismix zugegeben.

Bei festen Gemüsen, wie z. B. Karotte, empfiehlt sich die Verarbeitung von Säften. Bestimmte Arten, wie z. B. Kürbis, sollten vor dem Zerkleinern blanchiert werden.

Alle Kräuter und Gemüsesorten können auf Wasserbasis, wie beim Fruchteis, oder aber auf Milchbasis verarbeitet werden.

GEWÜRZE

Sämtliche Gewürze werden bevorzugt in weihnachtlichen Eissorten verarbeitet.

Einige sind eher hart und holzhaltig (z. B. Zimt, Muskat, Tonkabohne), sollten daher geraspelt oder vermahlen werden, bevor man sie in wenig warmer Flüssigkeit ziehen lässt und anschließend dem Eismix zugibt. Vorsicht jedoch bei der Verarbeitung von Tonkabohne. Sie zeichnet sich durch einen hohen Gehalt an Cumarin aus, das die Blutgerinnung hemmt. Laut Aromenverordnung betragen die erlaubten Höchstmengen an Cumarin 2 mg/kg.

ALKOHOLISCHE GETRÄNKE

Die Verarbeitung alkoholhaltiger Getränke für Eis ist durchaus problematisch, da Alkohol sehr stark gefrierhemmende Eigenschaften besitzt und deshalb nur sehr sparsam dosiert verwendet werden kann. Eis mit hohem Alkoholgehalt, das z. B. nach Rum schmecken soll, ist mit reinem Rum leider nicht herzustellen. Hier sollten natürliche Aromen zu Hilfe genommen werden, um den gewünschten Geschmack zu erhalten (Rum-Aroma, Arrak-Aroma usw.)

Bei niedrigem Alkoholgehalt (bis 12 Prozent), beispielsweise bei Wein, kann dieser auch einreduziert werden, um den Geschmack zu erhalten und den Alkoholgehalt zu verringern.

AROMEN

Dieser Begriff steht nicht unbedingt für künstliche Produkte und/oder Geschmacksverstärker. Man unterscheidet bei den Aromen im Wesentlichen drei Kategorien:

1. NATÜRLICHE AROMEN

Diese Produkte entstammen der Natur und sind lediglich hochkonzentriert oder durch Destillation, Extraktion oder enzymatische Verfahren gewonnen worden. Ihr Einsatz ist unbegrenzt und nicht kennzeichnungspflichtig.

2. NATURIDENTISCHE AROMEN

Synthetisch hergestellte Aromastoffe nach natürlichem Vorbild. Sie sind dem natürlichen Stoff quasi chemisch gleichgestellt. Ihr Einsatz ist begrenzt, eine Kennzeichnung ist erforderlich.

3. KÜNSTLICHE AROMEN

Synthetisch hergestellte Aromen, die mit Mengenbegrenzung teilweise in Lebensmitteln verarbeitet werden dürfen. Sie sind immer kennzeichungspflichtig.

DIE VERARBEITUNG

METHODEN DER EISHERSTELLUNG

Für die Eisherstellung kommen verschiedene Verfahren in Frage. Grundsätzlich werden zwei Arten unterschieden:

KALTE METHODE

Diese vermutlich älteste Methode einen Eismix anzurühren, eignet sich besonders zur Herstellung von Frucht- oder Joghurteis. Denn wie ab Seite 19 beschrieben, kann Fruchteis durch Erhitzen Schaden an Geschmack und Farbe nehmen. Joghurteis sollte auf keinen Fall erhitzt werden, da die hohe Zahl an Milchproteinen im Joghurt gerinnen könnte. Die Folge wären Klumpen im Eis.

Um einen Eismix fachgerecht kalt zu verarbeiten, sollten zunächst die trockenen Zutaten wie Zucker, Bindemittel, Dextrose, Glukose etc. abgewogen und gemischt werden. Dazu ist ein trockener Edelstahleimer erforderlich, um ein sofortiges Verklumpen durch Restfeuchte zu vermeiden. Anschließend werden etwa 20 Prozent der benötigten Flüssigkeit sorgfältig mit den trockenen Zutaten verrührt, um eine klumpenfreie Verarbeitung zu ermöglichen. Sobald diese dickflüssige Masse glatt gerührt ist, die restliche Flüssigkeit und weitere Zutaten – wie frischen Joghurt oder Früchte – hinzugeben und mit dem Stabmixer mindestens 1 Minute mixen.

Dadurch wird der Eismix homogen und es wird eine feinere Verteilung des Bindemittels im Eismix

bewirkt. Außerdem verkürzt sich die Reifezeit, die je nach verwendetem Eisbindemittel zwischen 3 und 45 Minuten liegt. Diese Zeit ist notwendig, um den verschiedenen Stoffen Zeit zum Ausquellen und zur Bindung zu geben.

Jedoch sind auch einige Probleme zu nennen, die bei der kalten Methode – auch ohne Verwendung von Eiern – auftreten können: So darf man nicht davon ausgehen, dass bei einer ausschließlichen Verwendung von pasteurisierten Rohstoffen wie z. B. H-Milch und Sahne eine Keimbildung sicher vermieden werden kann, da es sich auch bei anderen verwendeten Stoffe – beispielsweise Zucker, Magermilchpulver oder auch Kakaopulver – um keimgefährdete Erzeugnisse handelt.

Diese können zum Beispiel aufgrund fehlerhafter Lagerung (mehr dazu im Kapitel „Hygiene“ ab Seite 250) mit Keimen verunreinigt oder durch den Transport aus ihrem Ursprungsland stark verkeimt sein (Kakaopulver). Es ist klar, dass beim Führen eines derartigen Kaltansatzes zahlreiche Faktoren den Keimgehalt im Eis beeinflussen.

Des Weiteren ist bei dieser Methode ein leichter Reifeprozess des Eismixes vonnöten. Er hilft den verwendeten Bindemitteln zu quellen und den enthaltenen Zuckern sich vollständig zu lösen. Für diesen Reifeprozess müssen ausreichend Kühlmöglichkeiten zur Verfügung stehen.

WARME METHODE

Bei der warmen Methode wird der Eismix zunächst pasteurisiert. Darunter versteht man das Erhitzen eines Produktes unter Einhaltung gesetzlich vorgeschriebener Temperaturen und Heißhaltezeiten zur Abtötung von Mikroorganismen.

Nach diesem Prozess sollten alle im Eismix befindlichen Keime abgetötet, bzw. inaktiviert sein, denn durch ansteigende Temperaturen werden die Lebensbedingungen der Mikroorganismen behindert oder zerstört. Die inaktivierten Keime können jedoch unter für sie optimalen Lebensbedingungen (Temperaturen zwischen +20 °C und +50 °C in feuchter Umgebung) erneut als aktive Keime tätig werden, die sich alle 20 Minuten verdoppeln. Deshalb ist nicht nur das Erhitzen, sondern auch das Halten der hohen Temperatur und ein anschließendes rasches Abkühlen des Eismixes notwendig. Da die inaktivierten Mikroorganismen relativ träge sind, ist es möglich, ihre Vermehrung und Aktivierung zu hemmen, indem man die kritische Temperaturspanne zwischen +20 °C und +50 °C schnellstmöglich überbrückt und unterschreitet. Aus diesem Grund wurde eine Zeitspanne von maximal 60 Minuten für das Abkühlen des pasteurisierten Eismixes bis auf eine Lagertemperatur von +4 °C bis +6 °C festgesetzt.

Von absoluter Wichtigkeit ist für mich das Verständnis, dass das traditionelle Pasteurisieren, wie es heute vielfach noch in Berufsschulen gelehrt wird, genau der falsche Weg ist, Mikroorganismen zu bekämpfen!

So wird zum Beispiel ein Cremeeis bis zur sogenannten „Rose" abgezogen, was einer Temperatur von 85 °C entspricht. Dabei werden alle Zutaten in einem Kessel auf dem Gasherd erhitzt, und sobald die verwendeten Eier durch das Erhitzen ihre Bindekraft entfalten, wird die sogenannte „Rosenprobe" vorgenommen. Dazu taucht man einen Holzspatel in die heiße Eismasse und bläst kräftig darauf. Bei der richtigen Temperatur von 85 °C entsteht ein rosenähnliches Gebilde. Dieses Vorgehen ist jedoch hygienisch gesehen äußerst bedenklich, da man die durch das Erhitzen abgetöteten Keime durch neue – und gefährlichere – Keime aus dem Mund des Eisherstellers ersetzt.

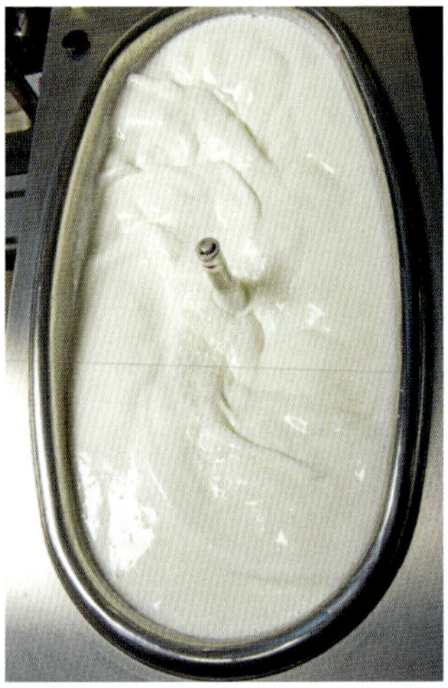

Um nicht zu viel Energie zu verschwenden, indem man den noch heißen Eismix sofort zum Gefrieren in die Eismaschine gibt, wird der Eismix dann über Nacht im Kühlschrank oder Kühlhaus gelagert, was oftmals mit dem Begriff „Reifen" bezeichnet wird. Dies hat zur Folge, dass am nächsten Tag höchstwahrscheinlich mehr Keime im Eismix vorhanden sind als vor dem sogenannten „Abziehen zur Rose", denn dies gibt den Mikroorganismen Zeit, wieder aufzukeimen und sich in der kritischen Temperaturzone zu vermehren. Das Herunterkühlen geschieht nicht schnell genug, und die Lagerung außerhalb eines geschlossenen Geräts bringt die Gefahr mit sich, dass Keime eindringen.

Mit dieser Beschreibung will ich keinesfalls die traditionellen Methoden in Frage stellen. Meiner Meinung nach sollten aber die daraus resultierenden Gefahren – die nicht zu unterschätzen sind – stärkere Beachtung finden, gerade in der heutigen Zeit der immer strenger werdenden Gesetze.

METHODEN DER PASTEURISATION

Bei der Verwendung eines Pasteurisiergerätes, welches gegenüber der traditionellen Methode auch ökonomischer ist, werden grundsätzlich zwei verschiedene Temperaturen zum Pasteurisieren eines Eismixes verwendet. Darauf aufbauend wird zwischen Langzeit- und Kurzzeitpasteurisation unterschieden. Trotzdem ist es natürlich möglich, bei der Verwendung hitzeempfindlicher Rohstoffe verschiedene andere Temperaturen und Heißhaltezeiten zu wählen. Das Diagramm zeigt die unterschiedlichen Temperaturen.

PASTEURISATION

Die Pasteurisation verläuft in 4 Phasen.

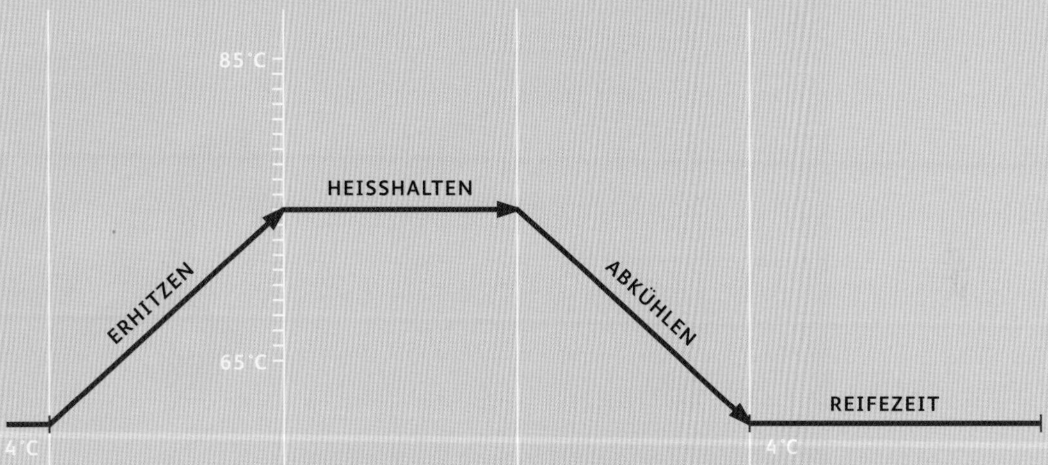

PHASE 1
Erhitzen auf die Pasteurisationstemperatur. Wahlweise zwischen 65 °C und 85 °C.

PHASE 2
Heißhalten des Eismixes für die der Temperatur entsprechende Zeit. 4 Sekunden bis 32 Minuten.

PHASE 3
Schnelles Abkühlen des Eismixes auf eine Lagertemperatur von +4 °C bis +6 °C.

PHASE 4
Mindestens 6 Stunden Reifezeit bei Lagertemperatur. Lagerzeit maximal 72 Stunden.

VORGESCHRIEBENE HEISSHALTEZEITEN DER MÖGLICHEN PASTEURISATIONSTEMPERATUREN

PASTEURISATIONS-TEMPERATUR	DAUER
85 °C	4 Sekunden
80 °C	22 Sekunden
75 °C	1 Minute
70 °C	10 Minuten
65 °C	32 Minuten

KURZZEITPASTEURISATION

Hierbei werden die Zutaten kurzzeitig auf eine hohe Temperatur gebracht. In der Regel entscheidet man sich für eine Temperatur von 85 °C. Es gilt als ausreichend, diese Temperatur für 4 Sekunden zu halten, bevor man den Pasteurisierer manuell auf den Kühlvorgang umschaltet oder das Gerät dies automatisch einleitet. Anschließend wird der Eismix auf die Lager- und Reifetemperatur gebracht. Diese Variante wählt man, wenn sich mit den verarbeiteten Inhaltsstoffen keine Probleme durch die hohe Temperatur ergeben können. Wird Eiweiß verwendet, kann dies bei Temperaturen von über 67 °C gerinnen; das Eiweiß „koaguliert". Deshalb wird für die Verwendung von Eiweiß bzw. Vollei die Langzeitpasteurisation (siehe Seite 55) verwendet. Auch Frischsahne trennt sich bei zu hohen Temperaturen von ihrem Fett. Möchte man auf 85 °C pasteurisieren, ist es ratsam, die Sahne erst im Abkühlprozess zuzugeben; anderenfalls dauert es sehr lange, bis das Fett sich wieder homogen mit dem Eismix verbunden hat.

LANGZEITPASTEURISATION

Bei dieser Variante erhitzt man die Zutaten auf eine Temperatur von 65 °C und hält diese Temperatur für einen Zeitraum von 32 Minuten. Der Vorteil dieser Variante ist die schonende Behandlung aller Rohstoffe; so kann es z. B. nicht zur Gerinnung von verarbeitetem Eiweiß kommen.

Grundsätzlich können bei der Pasteurisation auch andere als die beiden genannten Temperaturen angewandt werden, und allgemein gesagt ist die Heißhaltezeit eines Eismixes von der Aufheiztemperatur abhängig. Bei einem Eismix mit Kakaopulver, z. B. für ein Schokoladeneis, wähle ich sogar eine noch höhere Temperatur als 85 °C. Denn erst bei etwa 92 bis 94 °C löst sich das Kakaopulver komplett auf und gibt seinen Geschmack durch die nun vollends aufgeschlossenen Bestandteile ab. Dies hat zur Folge, dass die Menge des Kakaopulvers sich um bis zu 40 Prozent reduzieren lässt, was sich auf Konsistenz und Lagerfähigkeit von Schokoladeneis positiv auswirkt, da es auf diese Art weniger stark nachdunkelt.

DER REIFEVORGANG

Die Reifezeit wird wohl immer ein umstrittenes Thema bleiben, in Zusammenhang mit den genannten Pasteurisationsvarianten ist sie jedoch unumgänglich. Während des etwa eine Stunde dauernden Abkühlvorgangs der Eismasse (die Zeit hängt vom verwendeten Gerät ab) entmischt sich diese und ist somit nicht mehr homogen. An der Oberfläche setzen sich u.a. Fette ab, die für ein gelungenes Endergebnis wieder eingearbeitet werden müssen. Dies geschieht durch intervallweises, langsames Rühren mit Hilfe eines Mixstabes oder Einsetzen einer Pumpe, die eine Umwälzung der Masse bewirkt. Dieser Vorgang sollte mindestens 6 Stunden dauern und wird „Reifung" oder auch „Reifezeit" genannt. Ziel ist ein glatter, homogener und dickflüssiger Eismix, denn während der Reifezeit haben auch die Bindemittel die Möglichkeit zu quellen.

Grundsätzlich erreicht man mit einem gereiften Mix beim Abfrieren in der Eismaschine eine größere Zunahme an Volumen. Dies sollte jedoch nicht das Hauptargument sein; vielmehr sind die durch den Reifeprozess entstehenden Eiskristalle von feinerer Struktur, das Eis hat einen leichteren Schmelz. Es bleibt offen, ob dieser Unterschied für den Laien erkennbar ist. Unbestritten ist allerdings die längere Haltbarkeit bzw. ein verzögertes Rekristallisieren des gereiftes Eismixes. Auch Geschmacksstoffe können während der Reifung ihr volles Aroma entfalten.

Gesetzlich ist eine Lagerung des pasteurisierten Eismixes im Gerät für etwa 72 Stunden zugelassen. Anschließend sollte er weiterverarbeitet oder ein zweites Mal pasteurisiert werden. Welche Schwierigkeiten damit, gerade in den Übergängen zwischen den Jahreszeiten, verbunden sind, und welche Probleme hygienischer Art sich daraus ergeben, wird im Kapitel „Hygiene" ab Seite 250 genauer erläutert.

VERARBEITUNG DER ROHSTOFFE IM PASTEURISIERGERÄT

Zunächst werden die flüssigen Zutaten – wie Milch, Wasser und/oder Sahne – in das Pasteurisiergerät eingefüllt und dieses anschließend mit der richtigen Temperatureinstellung gestartet. Werden Eier verwendet, sollten diese zuerst mit einem kleinen Teil der Flüssigkeit angerührt oder vor dem Starten des Erhitzungsvorgangs unter die flüssigen Bestandteile gemischt werden, um ein Stocken des Eigelbs zu verhindern, was die Bilanz verfälschen würde, ganz zu schweigen von den geschmacklichen Problemen. Nach Einleiten der Heizphase werden sämtliche trockenen Zutaten – beispielsweise die verschiedenen Zuckersorten, Milchpulver und Bindemittel – abgewogen und in einem trockenen Behälter gründlich vorgemischt. Nach Erreichen einer Temperatur von 50 °C im Pasteurisiergerät, werden die trockenen Zutaten zugegeben, damit sie sich schnell und klumpenfrei auflösen. Bei schlechtem Vormischen bilden sich Klumpen, meist aus Milchpulver oder Bindemittel. Diese können mit einem elektrischen Mixstab noch nachträglich in den Eismix eingearbeitet werden. Dazu muss der Mixstab vorher unbedingt desinfiziert werden.

Aromate wie z. B. Vanilleschoten oder auch Zitronen- oder Orangenschalen können dem Eismix bereits zu Anfang zugegeben werden, da sie sich ohnehin nicht auflösen. Um zu erreichen, dass sie nur ihre Geschmacksstoffe abgeben und nicht im Eismix verbleiben, kann man sie in einen sogenannten Aromenbehälter geben. Dieser ist mit einer Kette an der Wand des Pasteurisierers befestigt. Nach dem Ende des Reifungsvorgangs wird er entnommen. Bei Vanilleschoten kann man zunächst das Mark direkt in den Eismix geben und die Schote in den Aromenbehälter. Diese sollte möglichst lange ziehen, denn ein Großteil der Geschmacksstoffe befindet sich darin.

Nach dem Verarbeiten des Eismixes sollte die Vanilleschote entnommen, gründlich unter Wasser abgespült und einige Tage trocknen gelassen werden. Für einen optisch ansprechenden Effekt kann diese Schote fein gemahlen und dem nächsten Eismix zugegeben werden.

PASTEURISIEREN VON FRUCHTEIS

Auch für Fruchteis können die Zutaten – natürlich bis auf die Früchte selbst – mit Hilfe eines Pasteurisierers keimarm gemacht werden. Die Vorgehensweise ist dieselbe wie beim Eismix mit Milch. Das Wasser wird erwärmt sowie alle trockenen Zutaten abgewogen und vorgemischt, bevor man sie der warmen Flüssigkeit zugibt. Mit Hilfe dieser Methode werden alle Inhaltsstoffe gut gelöst und der Eismix sehr homogen, da durch die Verwendung von Wasser als Basis keine oder nur geringe Milchfettanteile aus anderen Zutaten vorhanden sind, die sich absetzen könnten. Eine lange Reifezeit ist deshalb nicht nötig. Dieser Mix kann sowohl heiß als auch nach der Abkühlphase weiterverarbeitet werden und ist in einem geschlossenen Behältnis gekühlt mehrere Tage haltbar.

DER GEFRIERVORGANG

Bei der entscheidenden letzten Phase der Produktion, dem Ausfrieren des noch flüssigen Eismixes, stellt sich heraus, ob die Rezeptur richtig errechnet und die Zutaten korrekt gewählt wurden. Eine gute Rezeptur kann in jedem Eismaschinentyp gefroren werden. **Der Aufschlag (Overrun) des Eises gibt den Unterschied zwischen dem Gewicht der Einfüllmenge (gemessen in kg) und der Menge des fertig gefrorenen Speiseeises (gemessen in Litern) an.** Je nach Eismaschine erhält man aufgrund der unterschiedlichen Gefriertechniken einzelner Typen einen Overrun zwischen 10 und 80 Prozent.

Grundsätzlich unterscheidet man zwischen traditioneller Vertikalmaschine, moderner Vertikalmaschine, Horizontalmaschine, Softeismaschine und kontinuierlicher Eismaschine (Industrie).

Die nachstehenden Angaben sind Erfahrungswerte, können sich jedoch, abhängig vom Gerätetyp, leicht verändern. Der angegebene Overrun sagt lediglich etwas über das Volumen, nicht aber über die Qualität eines Speiseeises aus.

EISMASCHINE	OVERRUN
Traditionelle Vertikalmaschine	10 – 15 %
Moderne Vertikalmaschine	20 – 50 %
Horizontalmaschine	20 – 50 %
Softeismaschine	60 – 80 %
Industriemaschine	ab 100 %

Alle Eismaschinen produzieren das Eis mehr oder weniger auf die gleiche Art und Weise.

Sie bestehen aus
> einem von außen gekühlten Edelstahlbehälter, einer Gefriertrommel oder einem Gefrierzylinder, in den der noch flüssige Eismix manuell eingefüllt, gepumpt oder durch Ventiltechnik eingefüllt wird;
> einem Rührwerk, welches für die Bewegung und Spatelung des Eismixes zuständig ist. Dieses kann aus Metall oder Kunststoff oder aus beiden Materialien bestehen. Durch das Rührwerk wird der Eismix an die Wand des Gefrierzylinders gedrückt und immer wieder abgeschabt. So werden im Laufe der Gefrierzeit durch die starke, von außen einwirkende Kühlung kleine Eiskristalle gebildet: Das Eis wird fest und gefriert.

Jede Produktionsfirma hat ihre eigene Philosophie, mit welcher Kälteeinwirkung und in welchem Rhythmus das Eis gespatelt wird. Dies bedeutet für den Eishersteller, dass jedes Gerät eine andere Konsistenz, eine andere Festigkeit und sozusagen ein eigens für dieses Gerät charakteristisches Eis produziert. Welche Methode sich am besten eignet, muss jeder Eishersteller selbst für sich herausfinden und entscheiden.

REINIGUNG UND DESINFEKTION DER VERWENDETEN GERÄTE

Gerade in diesem für die Eisherstellung sehr wichtigen Bereich werden häufig grobe Fehler begangen, die größtenteils auf Unwissenheit beruhen. (Mehr zum Thema Hygiene im Kapitel 6 ab Seite 250) Gibt es mehrere Eishersteller in einem Betrieb, besteht so auch die Gefahr, dass sich Fahrlässigkeiten einschleichen, wenn man sich auf die korrekte Arbeitsweise von anderen verlässt.

Oftmals kommt es zu Verkeimungen des fertigen Eises, obwohl Produktionsgeräte und Arbeitsmaterial desinfiziert wurden. Der Grund hierfür ist eine falsche Verarbeitung der Desinfektionsmittel. Ein handelsübliches Desinfektionsmittel ist kein Garant für keimfreie Produkte. Erst das richtige Zusammenspiel von Reinigung und Desinfektion führt zum optimalen Ergebnis.

Alle mit dem Eis in Kontakt kommenden Teile müssen desinfiziert werden. Dies gilt für das gesamte Arbeitsgerät ebenso wie für Pasteurisierer und Eismaschinen. Wird nur ein Glied in der Produktionskette ausgelassen, kann die ganze vorherige Arbeit umsonst gewesen sein.

Voraussetzung für eine sorgfältige Desinfektion ist als Erstes die gründliche Reinigung der benutzten Teile sofort nach Gebrauch. Alle Arbeitsmittel und Geräte sollten ausschließlich zu diesem Zweck verwendet und direkt nach Beendigung der Eisproduktion gründlich gereinigt werden. Für kleineres Werkzeug eignet sich die Spülmaschine. Eismaschine und Pasteurisierer können mit handelsüblichen, fettlösenden Spülmitteln gereinigt werden, ebenso Einzelteile wie Deckel, Entnahmeventil oder Klappe und Rührwerke. Es empfehlen sich Vliestücher, die nach einmaligem Gebrauch entsorgt werden. Damit sich Eisreste gut lösen, sollte der Gefrierzylinder der Eismaschine mit warmem bzw. heißem Wasser und fettlösenden Spülmitteln gereinigt werden.

Nach ordnungsgemäßer Reinigung können die Produktionsgeräte wieder zusammengebaut und geschlossen werden, um für den nächsten Einsatz gut vorbereitet zu sein. Ich empfehle, die Bauteile vor dem Montieren über Nacht komplett trocknen zu lassen, um Wassereinschlüsse zu verhindern, die unter Umständen mehrere Tage im Gerät stehen.

Die Desinfektion sollte am Tag der Eisproduktion durchgeführt werden. Diese gleich nach der Reinigung (z. B. am Vortag) vorzunehmen, ist nicht ratsam, denn eine Verkeimung durch äußere Umstände über Nacht kann nicht ausgeschlossen werden.

Ein Desinfektionsmittel tötet Keime weniger durch seine Inhaltstoffe ab; vielmehr isoliert es den Mikroorganismus und entzieht ihm so seinen Lebensraum und die zur Vermehrung benötigten Faktoren Nahrung, Wärme und Sauerstoff. Um seine Aufgabe optimal erfüllen zu können, benötigt das Mittel eine bestimmte Einwirkzeit, die vom Hersteller angegeben wird. Es nützt also nichts, die Dosierung der Herstellerangabe deutlich zu erhöhen oder das Wasser, in dem das Desinfektionsmittel gelöst und verteilt wird, zu erwärmen. Gerade das Nichteinhalten der Dosierung kann zu Schäden an Maschinen führen, und eine Erwärmung des Desinfektionsmittels kann Dämpfe freisetzen, die in verschiedenen Kunststoffen den Weichmacher angreifen und auf diese Weise Dichtungen oder Deckel des Pasteurisierers oder der Eismaschine spröde und rissig werden lassen. Bedenken sollte man auch, dass der hohe Chlorgehalt von Desinfektionsmitteln die Hände bei Kontakt stark austrocknet.

Die korrekte Vorgehensweise bei der Desinfektion sieht folgendermaßen aus: Das Desinfektionsmittel in der vom Hersteller empfohlenen Dosierung abmessen und im richtigen Verhältnis in einen Wasserbehälter geben. Anschließend in die Eismaschine füllen. Die angegebene Einwirkzeit sollte nicht überschritten werden, denn einige Mittel neigen dazu, sogar Edelstahl oxidieren zu lassen. (Dadurch wirkt das Rührwerk verrostet. Weitere Gründe hierfür können eine Beschädigung des Edelstahls oder auch eine Überdosierung des Desinfektionsmittels sein.)

In der Regel benötigt man zum Desinfizieren 30 bis 45 Minuten. Anschließend wird das Desinfektionswasser abgelassen und unbedingt mit klarem Trinkwasser nachgespült, bis keine Reste des Mittels in der Maschine vorhanden sind.

ACHTUNG: Einige Anbieter von Mitteln zur Wasserentkeimung geben Eisherstellern den Rat, Speiseeis (insbesondere Fruchteis) ein wenig dieser Wasserentkeimungsmittel zuzugeben, um den Keimgehalt zu reduzieren. Sie vertreten die Meinung, dass das Mittel nur das enthaltene Wasser entkeime und deshalb unschädlich sei. Das in Deutschland verwendete Wasser wird jedoch nach der Trinkwasserverordnung geprüft und enthält somit ohnehin nur wenige Keime. Wasserentkeimungsmittel enthalten jedoch Silberionen, die die Darmflora von immunschwachen Menschen angreifen und zerstören können. Die Zugabe solcher Mittel ist deshalb aus gutem Grund streng verboten. Kontrollbehörden prüfen Speiseeis mittlerweile verstärkt auf einen Silbergehalt.

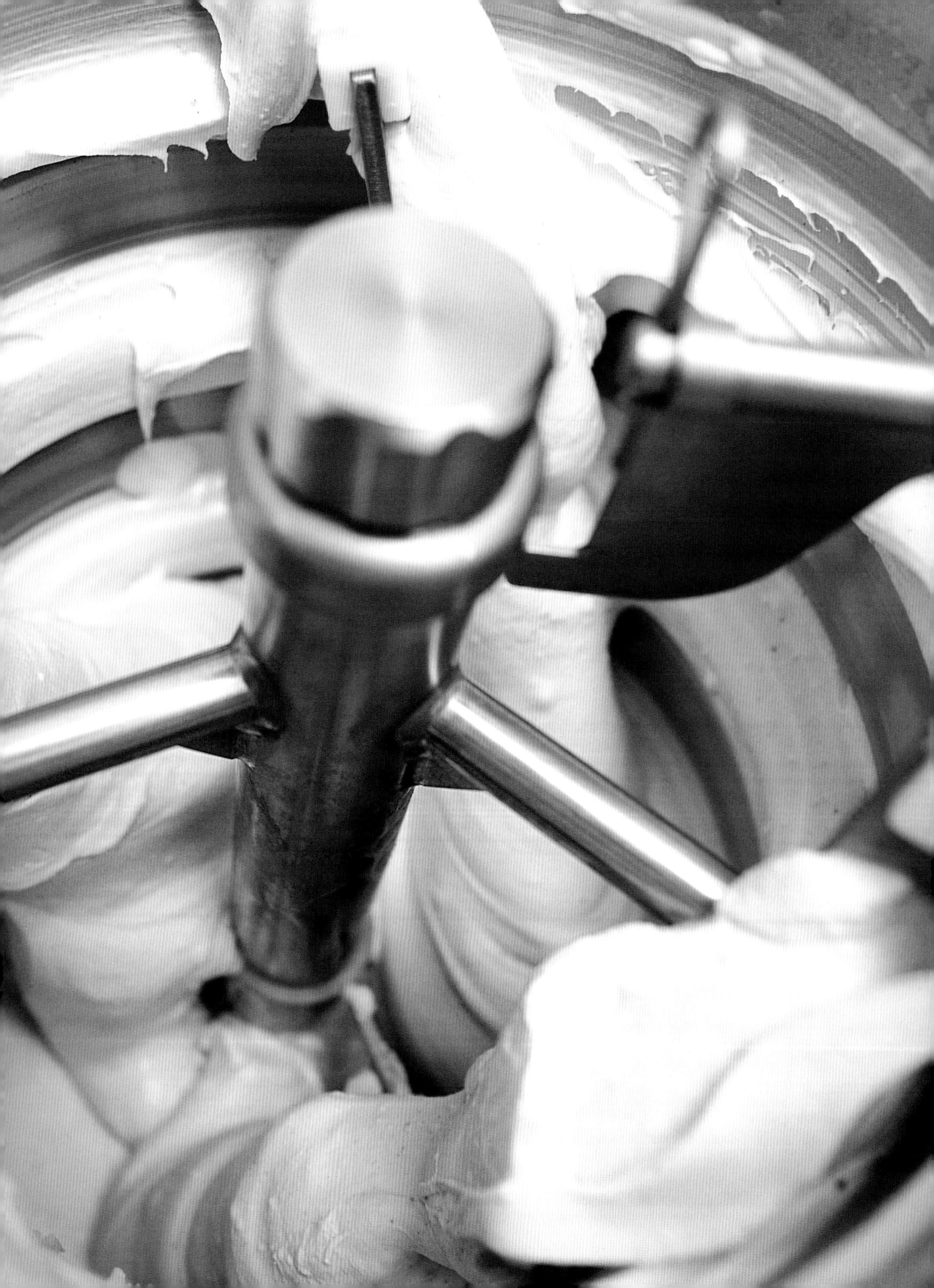

03

PRODUKTIONS-TECHNIK UND EISLABOR

PRODUKTIONSTECHNIK

Die verschiedenen Typen von Eismaschinen werden nachfolgend im Detail vorgestellt:

TRADITIONELLE VERTIKALMASCHINE

Diese Maschine wird aufgrund des senkrecht ausgerichteten Gefrierzylinders auch Vertikalfreezer oder Spachtelmaschine genannt. Sie lässt sich nach oben öffnen. Man findet dieses Gerät noch häufig in traditionellen Eiscafés, eingebaut in die Verkaufstheke, damit der Kunde die Produktion des frischen Speiseeises verfolgen kann, was aus werblicher Sicht eine sehr gute Lösung darstellt. Aus hygienischer Sicht allerdings ist es eher bedenklich, denn die Eisproduktion sollte in eigens ausgestatteten Räumen stattfinden.

Die Herstellung des Eises findet auf folgende Art und Weise statt: Während sich die Trommel dreht, wird die Eismasse durch einen Spatel abgeschabt, der den Eismix an die kalte Außenwand der Trommel drückt. Um mit dieser Maschine eine gute Eisqualität zu erzielen, sollte man jedoch bereits ein Profi sein. Es ist notwendig, den genauen Zeitpunkt abzupassen, um das Eis mit einem langen Spatel aus der Trommel entnehmen zu können. Das Eis muss daran haften bleiben. Tut man dies zu früh, fällt es wieder zurück in die Trommel. Lässt man das Eis zu lange in der Maschine laufen, kann es passieren, dass das Eis „verbrennt". Ist dies der Fall, wurden die winzigen Eiskristalle durch das lange Gefrieren so fein abgeschliffen, dass sie sich nicht mehr miteinander verbinden können. Hinzu kommt, dass bei Ausübung von zu wenig Gegendruck auf den Entnahmespatel dieser dem Eishersteller schmerzhaft gegen die Hand schlagen kann. Auch der Abstreifer der nach oben offenen Maschine ist eine Gefahrenzone, auf die mittlerweile eine italienische Maschinenbaufirma reagiert hat. Kommt man aus Versehen mit der Hand in diesen Abstreifer, stoppt die Maschine sofort.

Abgesehen davon, dass die Arbeit mit einer traditionellen Maschine relativ anstrengend ist, schwören dennoch viele Eishersteller aus qualitativen Gründen auf diese Art von Geräten. Das Eis muss unbestritten bis zum Minimum (also bis zur niedrigst möglichen Temperatur) ausgefroren werden, bevor es entnommen werden kann. Diese Tatsache verleiht – auch bei niedrigem Overrun (bis zu 15 Prozent) – eine lang anhaltende gute Konsistenz und garantiert auch während längerer Verkaufszeiten, wie in den Übergangsmonaten zwischen warmer und kalter Jahreszeit, eine gute Qualität.

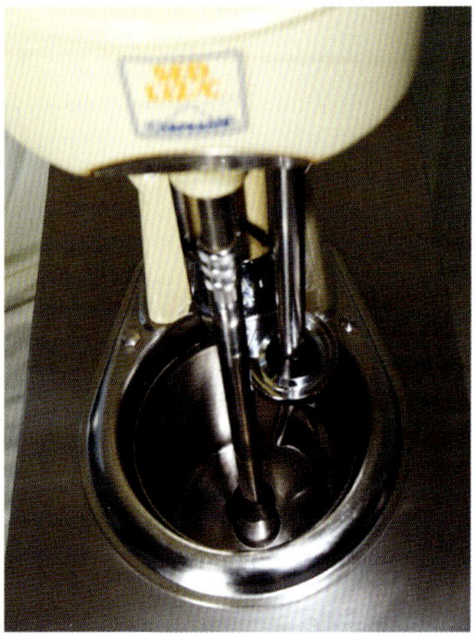

MINUSPUNKTE

- Unproblematische Handhabung nur mit ausreichend Erfahrung
- Beschwerliches und teilweise gefährliches Arbeiten durch die Hände im Gefahrenbereich
- Umständliche Reinigung kann eventuell zu hygienischen Problemen führen

PLUSPUNKTE

- Gute Eisqualität und -haltbarkeit bei niedrigem Overrun
- Gute Haltbarkeit und Wartungsfreundlichkeit der Maschine

Diese Art von Eismaschine wird nur noch von wenigen Produzenten hergestellt. Ein Vorteil dieser Apparate besteht darin, dass sie wegen ihrer meist einfachen Bauweise ohne viel Elektronik eine hohe Lebenserwartung haben. Bei guter Pflege und regelmäßiger Wartung bleiben sie lange Zeit in einem sehr gutem Zustand.

MODERNE VERTIKALMASCHINE

Die moderne Vertikalmaschine verfügt über ähnliche Parameter wie die traditionelle Vertikalmaschine und ähnelt ihr auch im Hinblick auf das Gefrierverfahren. Zudem besitzt sie die Vorzüge einer Horizontalmaschine, verbunden mit der einfachen Bauweise einer Vertikalmaschine. Sie ist bei gleicher Gefrierleistung jedoch wesentlich kleiner in den Abmessungen.

Von Vorteil ist die automatische Entnahme und der ständige Blick aufs Produkt. Hier dreht sich nicht der komplette Gefrierzylinder, sondern ein Rührwerk. Beim Öffnen des durchsichtigen Deckels stoppt das Gerät und erleichtert dem Eishersteller die Entnahme von Proben und die Zugabe von Geschmackszutaten.

Die Volumenzunahme bei einer derartigen Maschine kann bis 50 Prozent betragen.

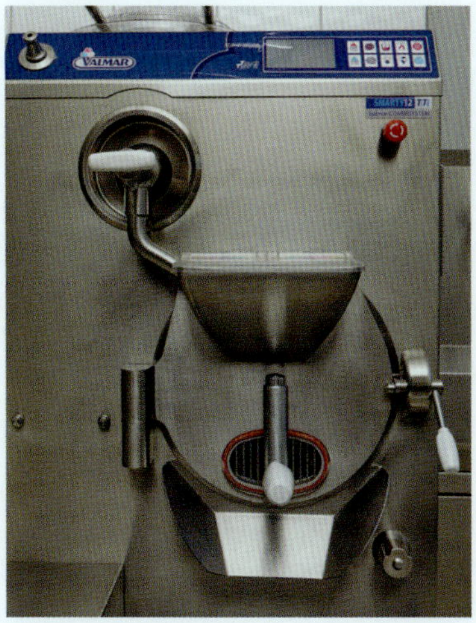

MINUSPUNKTE

- Sehr niedrig gelegene Entnahme (Rückenprobleme)
- Bei geringer Befüllung verbleibt eine große Restmenge Eis am Rührwerk
- Die Entnahme kann länger dauern als beim Horizontalfreezer

PLUSPUNKTE

- Gute Eisqualität und -haltbarkeit bei mittlerem Overrun
- Gute Haltbarkeit und Wartungsfreundlichkeit der Maschine
- Bessere Sicherheitsausrüstung als traditionelle Maschinen
- Abschmecken oder Nachdosieren während der Produktion möglich

HORIZONTALE EISMASCHINE

Diese Maschine wird auch Horizontalfreezer genannt und ist wahrscheinlich der momentan am häufigsten neu gekaufte Maschinentyp.

Die in der Regel elektronisch oder elektromechanisch arbeitenden Geräte sind in zahlreichen Varianten von verschiedenen Herstellern erhältlich.

Horizontalfreezer wird diese Maschine deshalb genannt, weil der Gefrierzylinder waagerecht platziert ist. Verschiedene Messtechniken sind bei diesen Maschinen gebräuchlich:

In der Regel wird entweder mit Temperaturfühlung gearbeitet, wobei der Eishersteller die gewünschte Temperatur über ein Display selbst einstellen kann, oder mit einer Konsistenzmessung, die werkseitig voreingestellt oder manuell steuerbar ist.

Es sind auch kombinierte Eismaschinen erhältlich, die das Pasteurisieren im gleichen Gerät ermöglichen. Ausgefeilte elektronische Bauteile machen eine vielfältige Nutzung in der Gastronomie für Saucen, Suppen und Bayerisch Creme ebenso möglich wie einen Einsatz in der Konditorei für das Temperieren von Kuvertüre oder die Herstellung von Konfitüren und Füllungen für Pralinen und vieles mehr.

MINUSPUNKTE

> Eventuell höhere Anfälligkeit durch elektronische Bauteile
> Nicht ausreichend schnelles Gefrieren des Eises bei manchen Geräten. Als Folge schnelle Kristallbildung
> Hoher Anschaffungspreis
> Kein Abschmecken während des Gefrierprozesses möglich

PLUSPUNKTE

> Vielfältige Einsatzmöglichkeiten
> Genaue Voreinstellung von Temperatur und/oder Konsistenz des Eises möglich
> Hoch gelegene Entnahme

Unterschiede bestehen in den Verarbeitungszeiten und der Sensibilität der einzelnen Anlagen. Außerdem sind diese Eismaschinen im Ein- bzw. Zwei-Kessel-System erhältlich. Der Kaufpreis liegt dabei aufgrund der enormen Technik über dem der normalen Gefriergeräte.

Eine wichtige Regel muss bei der Arbeit mit einem Horizontalfreezer immer beachtet werden: Der Eishersteller sollte sich vorher unbedingt im Klaren darüber sein, nach welcher Rezeptur er vorgehen möchte und welches Ergebnis er anstrebt. Denn bei den sogenannten Chargenfreezern ist ein wesentlicher Eingriff während des Gefriervorgangs, wie es bei den vertikalen Geräten gegeben ist, nicht möglich. Die mögliche Volumenzunahme bei dieser Eismaschine beträgt bei guter Rezeptur bis zu 50 Prozent.

Welches der beiden Produktionsgeräte – Horizontal- oder Vertikalfreezer – das bessere ist, lässt sich nicht eindeutig festlegen. Einige Fachleute schwören auf die traditionelle Horizontalmaschine. Es muss jedoch jeder Eishersteller für sich herausfinden, mit welchem Gerät er besser zurechtkommt.

Tatsache ist, dass die traditionelle Eismaschine bei gleichem Zuckergehalt ein festeres bzw. weiter ausgefrorenes Endprodukt herstellen kann.

FROZEN JOGHURT UND SOFTEISMASCHINEN

Der Trend der gesunden Ernährung ist auch im Speiseeissegment nicht mehr wegzudenken. Produkte wie Frozen Jogurt und veganes Soft- oder Proteineis werden immer beliebter. Gerade Frozen Jogurt kann man mit relativ geringem Aufwand durch sogenannte Toppings in einer breiten Geschmacksvielfalt anbieten. Einige Hersteller haben Ihre Frozen Jogurt- und Softeismaschinen in den letzten Jahren dahingehend weiterentwickelt, dass man ohne Probleme auch Speiseeis herstellen kann. Selbst die individuelle Eisherstellung, das Abfüllen in Becher für den Endkunden oder handwerkliches Speiseeis sind damit möglich. Wie der Name Softeis schon aussagt ist das Eis weicher und somit angenehmer zu Essen als klassisches Speiseeis. Da das Softeis „à la minute" gefroren wird, ist es in der Regel das frischere Produkt im Vergleich zu Speiseeis aus klassischen Eisdielen. Aus der Vergangenheit hat der Verbraucher Softeis oftmals als billig und mit Bakterien verunreinigt in Erinnerung. Vor ca. 15 bis 20 Jahren wurde in der Presse berichtet, das Eis sei gefährlich (Salmonellengefahr) und bis heute hält sich diese Information hartnäckig. Hauptgrund für die Skandalgeschichten waren aber nicht die Geräte oder der Speiseeistyp, sondern fast ausschließlich fehlendes Fachpersonal an den Verkaufsständen. Gearbeitet wurde mit Personal ohne ordentliche Geräteschulung. Oftmals wurde Softeis branchenfremd angeboten (Kauf- und Warenhäuser, Boutiquen, Tankstellen etc.), womit Probleme vorprogrammiert waren. Softeismaschinen waren damals die in der Eisproduktion am meisten beanstandeten Speiseeismaschinen.

Durch die häufig verwendeten Convenience-Produkte, die nur noch mit Milch oder Wasser angerührt werden müssen, wird bei Softeis und Frozen Joghurt meist eine gute Konsistenz erzielt, da alle Zutaten auf die Gefriertemperatur der Geräte abgestimmt sind. Probleme (z.B. das Einfrieren der Eismaschine) können nur noch bei einer Veränderung der Flüssigkeitsmenge auftreten. Der damit einhergehende Nachteil ist eine Uniformierung des Geschmacks. Selbstverständlich können auch eigene, handwerkliche Eisrezepturen in der Softeismaschine verarbeitet werden. Hier muss allerdings auf die Kälteanlage (geringerer Zuckergehalt) und auf einen glatten Eismix (keine Stücke oder Kerne) geachtet und gegebenenfalls angepasst werden.

Man unterscheidet zwei Gruppen von Softeismaschinen:

1. Softeismaschinen mit Pumpe:
Hier wird der flüssige Eismix über eine Pumpe in den Gefrierzylinder transportiert. Durch das Arbeiten der Pumpe wird der Eismix etwas verdichtet und erhält so eine Konsistenz, in der er beim Gefriervorgang mehr Luft aufnehmen kann.

2. Softeismaschinen mit Sickerventil:
Hier läuft der flüssige Eismix vom Aufbewahrungsbehälter nur in den Gefrierzylinder, wenn vorher Eis entnommen wurde. Der Eismix sickert also in die Gefrierkammer. Diese Geräte haben einen deutlich geringeren Lufteinschlag als Geräte mit Pumpe. Bei beiden Gerätetypen ist ein Lagern des Eises auch über Nacht möglich. Die so genannte Konservierung wird bei +4 °C im Vorratsbehälter und bei -6 °C im Gefrierzylinder durchgeführt. Eine Reinigung der Maschine ist nach spätestens 3 Tagen durchzuführen.

Die ordnungsgemäße Reinigung einer Softeismaschine, gerade bei dem Pumpsystem, erfordert heutzutage weder viel Zeit noch sind spezifischen Fachkenntnisse erforderlich. Die einfache Bedienung und Reinigung der neuen Maschinen garantieren dem Betreiber einen kosteneffizienten Einsatz seiner Arbeitszeit.

INDUSTRIEMASCHINE (CONTINUOUS FREEZER)

Als Continuous Freezer bezeichnet man eine sich ständig im Gefrierprozess befindliche Industrieanlage. Diese weist lediglich beim Endprodukt – dem fertigen Eis – eine gewisse Ähnlichkeit mit den bisher genannten Geräten auf, ist aber sonst nur schwer als Eismaschine zu erkennen. Sobald das größtmögliche Volumen erreicht ist, wird das Eis, ähnlich wie bei der Softeismaschine, abgezapft. Nach der Entnahme bei einer Temperatur zwischen -5 °C und -7 °C muss das Eis einen sogenannten Kältetunnel passieren. Dieser beschleunigt mit einer Kälteeinwirkung von etwa -40 °C das Durchfrieren des Eises, bei gleichzeitigem Halten eines hohen Volumens sowie der optimalen Konsistenz. Um dies zu erreichen sind allerdings ausgefeilte Rezepturen im Zusammenspiel mit Stabilisatoren und Emulgatoren notwendig; außerdem erfordert dieses Verfahren aufwendige Homogenisier- und Reifeprozesse. Die richtige Wahl des eingesetzten Fettes sowie die Regulierung des Luftaufschlags sind ebenso wichtig wie das Kontrollieren des Schmelzverhaltens.

Kleinere Anlagen produzieren bereits ab etwa 150 Liter fertiges Speiseeis in der Stunde und sind für diese Produktionsleistung verhältnismäßig preiswert. Dennoch muss man mit etwa 100.000 € für solche Industrieanlagen kalkulieren.

MINUSPUNKTE

- Eine lange Testphase ist nötig, bis die Eisqualität stimmt
- Für ein durchschnittliches Eiscafé kommt eine Maschine in dieser Größenordnung nicht in Frage
- Hoher Zeitaufwand für Reinigung und Wechsel der Eissorten
- Kein "handwerkliches" Speiseeis mehr

PLUSPUNKTE

- Stets gleichbleibende Qualität des Eises
- Hoher Durchsatz für Produzenten mit großem Bedarf

Da der Aufwand für Reinigung und die gesamte restliche Logistik (Lagerung, Verpackung, Vertrieb usw.) allerdings nicht zu unterschätzen sind, kommt eine solche Anlage für einen handwerklichen Eishersteller nicht in Betracht.

PASTEURISIERER

Pasteurisiergeräte werden mittlerweile von allen Eismaschinenherstellern angeboten. Grundsätzlich führen diese Geräte alle Pasteurisierzyklen durch.

Bei Eingabe einer Temperatur durch den Bediener erkennt das Gerät automatisch Heißhaltezeit und Endtemperatur. Unterschiedlichste Bauweisen, z. B. mit ovaler, runder oder eckiger Kochwanne und mit verschiedensten Auslaufvorrichtungen, machen es dem Neuling schwer, das passende Gerät zu finden.

Ein Leitfaden kann aber der Preis sein, denn Qualitäts- und Billigprodukte unterscheiden sich sehr deutlich im Anschaffungspreis. Auf dem deutschen Markt werden von ausländischen Firmen oftmals Pasteurisiergeräte angeboten, die letztendlich nichts anderes sind als Cremekocher mit der Möglichkeit zu pasteurisieren. Diese unterscheiden sich hauptsächlich in der Geschwindigkeit des Rührwerks und auch in der Kapazität der Füllmenge. Beides ist bei solchen Modellen stark reduziert.

Die Funktionen sind bei nahezu allen Pasteurisierern identisch. Wesentliche Unterschiede liegen in der Rührtechnik, teilweise durch Mixstäbe, aber auch durch Pumpentechnik. Geräte mit Mixstäben, die den Eismix in der Regel durch den Wannenboden nach oben oder – durch eine Befestigung über dem Deckel – nach unten mischen, zeigen ihre Fehlerquellen häufig nur aufgrund von mangelnder Wartungsfreundlichkeit oder übermäßigem Verschleiß.

REIFEWANNE

Kommt man während der Eisproduktion regelmäßig an seine Kapazitätsgrenze, stellt sich die Frage, ob man sich ein zweites Pasteurisiergerät anschafft oder aber auf eine Reifewanne zurückgreift. Diese ist preislich günstiger, da sie im Gegensatz zum Pasteurisierer über keine integrierte Heizung verfügt, sondern lediglich mit einer Kühlung für das schnelle Abkühlen des Eismixes sorgt sowie zur Lagerung und Reifung dient.

Der Eismix wird pasteurisiert und nach Erreichen der Pasteurisationstemperatur entweder umgepumpt oder manuell umgefüllt (je nach Hersteller). So wird der Pasteurisierer wieder frei für einen neuen Eisansatz. Im Reifegerät wird der Eismix schnell heruntergekühlt und in Intervallen bei 4 °C bis 7 °C über 6 Stunden langsam gerührt. Dies geschieht in der Regel wie im Pasteurisierer über Nacht. Die weitere Verarbeitung erfolgt analog zum Pasteurisierer.

VOM PASTEURISIEREN ZUM GEFRIEREN

Nach Pasteurisierung des Eismixes füllt man diesen in eine der oben genannten Gefriermaschinen. Man sollte sich zunächst vergewissern, dass die Maschine ordnungsgemäß eingestellt wurde, sodass sie das Ende der Gefrierzeit anzeigt bzw. im richtigen Moment die Kältezufuhr unterbricht. Zur Vorbereitung auf die Entnahme des fertigen Eises muss sichergestellt werden, dass die dafür benötigte Edelstahlschale sauber, trocken und ausreichend vorgekühlt ist, damit das Eis bei Entnahme nicht sofort zu schmelzen beginnt. Da Edelstahl sehr schnell die Umgebungstemperatur annimmt, ist es ratsam, sämtliche Schalen im Tiefkühlschrank zu lagern und erst kurz vor der Entnahme des Eises aus diesem zu entnehmen. Moderne Eismaschinen erkennen, wann das Eis die richtige bzw. die voreingestellte Konsistenz aufweist, und geben ein akustisches Signal. Bei älteren Freezern kann man den richtigen Zeitpunkt an den Schabgeräuschen des Rührwerks erkennen, die langsam lauter werden und ein Festwerden des Eismixes signalisieren.

Hat man sich von der richtigen Festigkeit überzeugt, positioniert man die Edelstahlschale auf die Ablage unter der Entnahmeklappe, schaltet das Gerät auf eine höhere Geschwindigkeit und entnimmt das fertig gefrorene Eis so schnell wie möglich. Während der Entnahme können noch feste Zutaten wie Schokoraspel, Nüsse, Krokant oder Karamellstückchen unter das Eis gemengt werden.

Auch das sogenannte „Marmorieren“ mit einer Frucht-, Schokoladen- oder Dessertsauce kann bei der Entnahme geschehen. Auf diese Art entstehen Sorten wie zum Beispiel Sahne-Kirsch, sämtliche marmorierte Arten (Variegati), Stracciatellaeis mit flüssiger Spezialglasur, Joghurt mit Frucht und vieles mehr.

Der Zeitpunkt der Eisentnahme ist einer der kritischsten Momente im Produktionsprozess. Da viele Eishersteller versuchen, eventuell verbliebene Reste durch Öffnen der Frontklappe aus dem Gerät zu entnehmen, kann es passieren, dass die oberste Schicht des bereits entnommenen Eises antaut und sich zu verflüssigen beginnt. Dies sollte auf keinen Fall passieren, denn das dabei entstehende Wasser gefriert bei anschließender Lagerung im Eislagerschrank oder in der Verkaufsvitrine zu großen Kristallen und ist unangenehm im Verzehr.

Dieses Problem kann umgangen werden, in dem das frisch entnommene Eis kurz in einem Schockfroster durchgehärtet wird. Dieser sollte mit einer Kälteleistung von -30 °C und kälter auf das Eis einwirken, es an den Rändern schnell gefrieren und so stabilisieren. Dazu ist es ratsam, das Eis mit Wachspapier abzudecken, bevor es in den Schockfroster gegeben wird, denn der Schnellabkühler arbeitet mit starken Ventilatoren, die die Oberfläche des Eises austrocknen können.

Auch bei anschließender Lagerung im Eislagerschrank ist es empfehlenswert, das Eis grundsätzlich so luftdicht wie möglich mit Wachspapier zu verschließen, damit es nicht zum Austrocknen der Oberfläche kommt oder das Eis mit Fremdstoffen verunreinigt wird. Außerdem lässt sich das Papier mithilfe eines Folienstiftes mit Sortennamen und Produktionsdatum kennzeichnen.

Am Abend sollten sämtliche Eisschalen (nach Reinigung und Glattstreichen der Oberfläche) über Nacht in gleicher Weise gelagert werden, damit die Eisvitrine genügend Zeit zum automatischen Abtauen hat. Geht man auf diese Art vor, kann ein Abtauen während der Verkaufszeiten vermieden werden, das durch die kurzzeitig hohen Temperaturen die Eisqualität immer wieder stark beeinträchtigen kann, erkennbar an der anhaltend stark glänzenden Oberfläche des Eises. Am nächsten Morgen kann die Vitrine gereinigt und erneut mit Eis bestückt werden.

Für die Temperatur zum gewöhnlichen Zwischenlagern gilt: Je kälter, desto besser. Grundsätzlich sollte die Temperatur -18 °C aber nicht übersteigen. Zur längeren Lagerung sollte die Temperatur nicht unter -25 °C eingestellt sein, damit das Eis keinen Schaden nimmt.

ZUBEHÖR UND ARBEITSMATERIAL

Alle zur Eisherstellung benötigten Utensilien sind in der Regel über den regionalen Fachhändler erhältlich. Im Gegensatz zur Konditorei ist für die reine Eisproduktion recht wenig an Zubehör erforderlich. Als Standardausrüstung sollten verschiedene Messbecher bis 5 Liter Fassungsvermögen, eine gute Digitalwaage, verschiedene Löffel und kleine Messer, eine Kochplatte, ein elektrischer Rührstab mit regulierbarer Drehzahl und leicht abnehmbarem Mixaufsatz sowie einige Edelstahleimer und Rührbesen genügen.

Eine ausreichende Anzahl an Eisspateln zur Entnahme des fertigen Eises darf ebenfalls nicht fehlen. Diese sollten aus Kunststoff und nicht aus Metall sein. Metallspatel zerkratzen leicht die Oberfläche und den Zylinder der Eismaschine.

Dynamic
Dynamic
Dynamic
OPGELET

PRODUKTIONSABLÄUFE DER EISHERSTELLUNG – SCHRITT FÜR SCHRITT

DIE KALTE VERARBEITUNG

> Alle benötigten Produktionsgeräte und Utensilien vor Beginn ordnungsgemäß desinfizieren (Einwirkzeit des Desinfektionsmittels beachten, danach gut mit klarem Wasser ab- bzw. nachspülen).

> Produktionsplan erstellen: Sorten von hell nach dunkel bzw. von schwachem zu starkem Geschmack sortieren, um möglichst wenig Zwischenreinigungen der Eismaschine zu benötigen.

> Zuerst die trockenen Bestandteile abwiegen, kurz mischen und unter Zuhilfenahme eines Rührbesens mit einem Teil der Flüssigkeit gut verrühren, bis der Eismix glatt und ohne Klumpen ist.

> Die restliche Flüssigkeit sowie entsprechende Geschmacksstoffe zugeben und mit einem Stabmixer etwa 2 Minuten glatt arbeiten.

> Den Eismix je nach verwendetem Bindemittel für die vom Hersteller vorgesehene Zeit zum Quellen und Reifen abgedeckt und gekühlt stehen lassen.

> Sobald die Masse dickflüssig erscheint, in die Gefriermaschine geben.

> Das Eis ist fertig gefroren, wenn es bei der Entnahme eine kompakte Konsistenz aufweist und nicht mehr glänzt.

> Das fertige Eis in eine gut vorgekühlte Edelstahlschale entleeren und dabei gegebenenfalls mit stückigen Zutaten anreichern.

> Die Edelstahlschale sofort mit einem Papiertuch von Eisresten an den Rändern säubern und mit Wachspapier abgedeckt in den Schockfroster oder Lagerschrank stellen. Nach dem Durchhärten kann das Eis in die Vitrine gesetzt werden.

DIE VERARBEITUNG IM KOMBINIERTEN GERÄT (PASTEURISIERER UND FREEZER IN EINEM)

> Alle benötigten Produktionsgeräte und Utensilien vor Beginn ordnungsgemäß desinfizieren (Einwirkzeit des Desinfektionsmittels beachten, danach gut mit klarem Wasser ab- bzw. nachspülen).

> Produktionsplan erstellen: Sorten von hell nach dunkel bzw. vom schwachen zum starken Geschmack sortieren, um möglichst wenig Zwischenreinigungen der Gefriermaschine vornehmen zu müssen.

> Alle Zutaten des Eismixes wie bei der kalten Verarbeitung komplett mischen und mit dem Mixstab gründlich verrühren.

> Werden Eier verwendet, sollten diese vorher mit einem Teil der Flüssigkeit glatt gerührt werden.

> Den Pasteurisierer auf die Temperatur von 85 °C (Kurzzeitpasteurisation) einstellen und starten.

> Nach Erreichen der 85 °C gelangt der Eismix nach Einhaltung der vom Gesetzgeber geforderten 4 Sekunden Heißhaltezeit durch Öffnen eines Ventils in den Gefrierzylinder.

> Die weitere Verarbeitung erfolgt wie oben beschrieben.

DIE WARME VERARBEITUNG (VERARBEITUNG IM PASTEURISIERGERÄT)

> Pasteurisierer und alle benötigten Arbeitsmittel vor Beginn ordnungsgemäß desinfizieren (Einwirkzeit des Desinfektionsmittels beachten, danach gut mit klarem Wasser ab- bzw. nachspülen).

> Alle flüssigen Zutaten abwiegen und in den Pasteurisierer füllen. Werden Eier verwendet, sollten diese vorher mit einem Teil der Flüssigkeit glatt gerührt werden.

> Den Pasteurisierer auf die gewünschte Temperatur von 65 °C oder 85 °C einstellen und starten.

> Bei Verwendung von Vanilleschoten oder Zitronenschalen sollten diese in den hierfür vorgesehenen Aromenbehälter des Pasteurisierers gegeben werden. So wird vermieden, dass diese Produkte durch das Rührwerk oder die Pumpe zerkleinert werden und im Eis verbleiben.

> Die trockenen Bestandteile abwiegen, gründlich mischen und zur Flüssigkeit geben, die mittlerweile eine Temperatur von etwa 50 °C erreicht haben sollte.

> Der Zyklus läuft nun automatisch weiter. Nach Erreichen der eingestellten Temperatur hält das Gerät den Eismix den gesetzlichen Grundlagen entsprechend heiß, bevor es den Eismix auf +4 °C bis +6 °C abkühlt.

> Nach Einhalten der Reifezeit von mindestens 6 Stunden kann der Eismix weiterverarbeitet werden.

> Die entsprechende Menge über den Zapfhahn aus dem Pasteurisierer entnehmen und abwiegen.

> Erstellen des Produktionsplanes: Sorten von hell nach dunkel bzw. vom schwachen zum starken Geschmack sortieren, um möglichst wenig Zwischenreinigungen der Gefriermaschine vornehmen zu müssen.

> Die gewünschten Geschmackszutaten wiegen und gründlich mit dem Mixstab im Eismix verrühren.

> Die weitere Verarbeitung zum Gefrieren erfolgt wie auf Seite 70 beschrieben.

DAS EISLABOR

Das Eislabor ist ein Hygienebereich, der lediglich den darin arbeitenden Mitarbeitern zugänglich gemacht werden sollte, die ausnahmslos ordnungsgemäße Arbeitsbekleidung tragen müssen, um Probleme mit eingeschleppten Verunreinigungen zu vermeiden.

ORDNUNGSGEMÄSSE KLEIDUNG

> Kopfbedeckung zum Schutz vor ausfallenden Haaren und Schuppen (auch Glatzenträger sollten eine Kopfbedeckung tragen)
> Arbeitsjacke, -kittel oder -shirt sowie Arbeitshose und Schürze (nur für den Produktionsraum)
> Schuhe (diese sind sofort beim Verlassen des Hygienebereichs oder beim Toilettengang zu wechseln und werden lediglich im Produktionsraum getragen)
> Während Wartungsarbeiten, für Gäste oder Servicemitarbeiter Schuhüberzieher und Einmalhauben

EINRICHTUNG

Das Eislabor sollte eine Grundfläche von 10 m² nicht unterschreiten. Der Fußboden muss mit einem rutschhemmenden Belag, Fliesen oder Kunstharzbeschichtung versehen sein. Ein Bodenabfluss ist vorteilhaft und wird von Kontrollbehörden gerne gesehen. Die Wände sind idealerweise raumhoch gefliest, die Fenster mit Insektenschutzgittern versehen.

EINRICHTUNG ALLGEMEIN

> Arbeitstische und Arbeitsschränke aus Edelstahl (kein Holz)
> Handwaschbecken in ausreichender Anzahl nahe am Arbeitsplatz
> Doppelspüle aus Edelstahl
> Gewerbespülmaschine in ausreichender Entfernung zur Eisproduktion

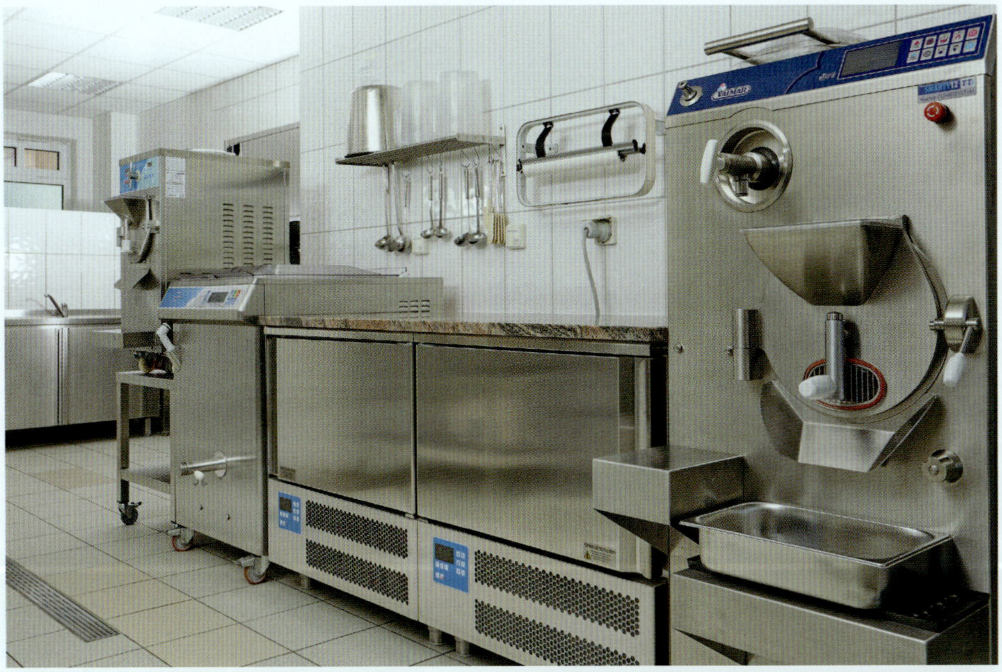

PRODUKTIONSGERÄTE ZUR SPEISEEISHERSTELLUNG UND LAGERUNG

> Freezer, Pasteurisierer, Reifewanne, Kombigerät (Die Produktionsgeräte benötigen in der Regel Starkstrom. Über die entsprechenden Absicherungen informiert der Lieferant. Bei wassergekühlten Geräten, die sehr zu empfehlen sind, muss für Zu- und Abwasseranschlüsse (ähnlich einer Waschmaschine) gesorgt werden.)

SCHOCKFROSTER

> Kälteeinwirkung mindestens -30 °C
> Größe entsprechend der Produktionskapazität der Eismaschine

EISLAGERSCHRANK

> Statische Kühlung mit zuschaltbarer Umluft
> Aggregat und Steuerung oben
> Gitter für je 6 Standardschalen à 5 Liter mit 36 cm Länge

-18

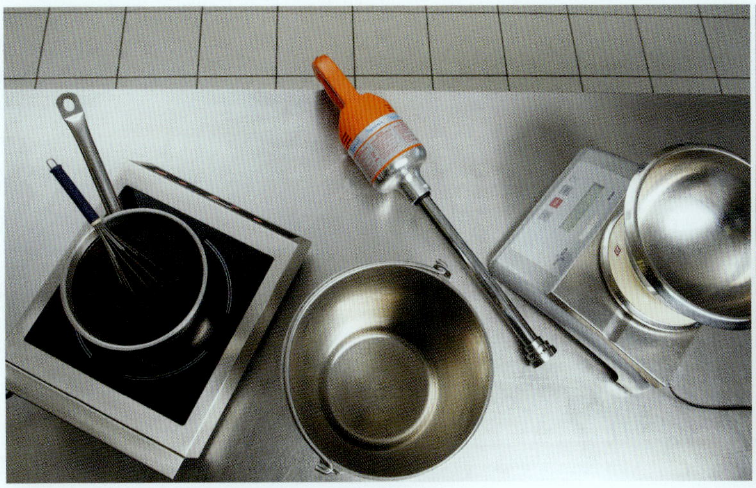

KLEINGERÄTE

- Genaue Digitalwaage mit Wiegeschritten von 1 bis 2 Gramm
- Stabmixer mit abnehmbarem Mixaufsatz, mindestens 40 cm Länge
- Induktionskochplatte mit Zubehör
- Saftpresse
- Schokoladenauflöser

KLEINTEILE UND ZUBEHÖR

- CNS-Eisschalen in ausreichender Anzahl (Die Eisschalen haben kein Gastronorm-Maß sondern eigene Abmessungen. Standard ist eine 5-Liter-Schale mit einer Länge von 36 cm, einer Höhe von 12 cm und einer Breite von 16,5 cm. Die meisten Eisvitrinen sind für die Standardschale mit einer Länge von 36 cm ausgerichtet. Dies unbedingt vor Anschaffung einer Eisvitrine abklären! (siehe auch Kapitel „Marketing“ ab Seite 237)
- Edelstahleimer (10–15 Liter)
- Messbecher (5 Liter)
- Refraktometer
- Schneidebrett aus Kunststoff
- Rührspatel
- Eis-Entnahmespatel
- Kellen
- Messer
- Schneebesen
- Papiertuchspender an verschiedenen Arbeitsbereichen
- Oberflächendesinfektion
- Gerätedesinfektion
- Handdesinfektion

GRUNDAUSSTATTUNG

- Handwaschbecken in ausreichender Anzahl mit Warm- und Kaltwasserzufuhr und – nicht zwingend, aber sehr zu empfehlen – berührungsloser Armatur (sensorgesteuert, Knieschaltung, Fußschaltung)
- Einmalhandtücher im Spender
- Seifen- und Handdekontaminationsspender
- Auffangbehälter für gebrauchte Einmalhandtücher
- Umkleideraum und Personaltoiletten mit Vorraum
- Be- und Entlüftung in Sanitärräumen
- Be- und Entlüftung (natürlich oder mechanisch) des Produktionsraums
- Fliegenschutz an den Fenstern und Türen
- Beleuchtung und Tageslicht vorhanden

FUSSBÖDEN

- Rutschhemmende Oberfläche
- Leicht zu reinigen und zu desinfizieren
- Abwasserableitung, Bodenabfluss

WANDFLÄCHEN

> Glatte Oberfläche, leicht zu reinigen und zu desinfizieren, abwaschbar

DECKEN UND DECKENVORRICHTUNGEN

> Leicht zu reinigen
> Keine Ansammlungen von Schmutz und Kondenswasser, Schimmelbefall

OBERFLÄCHEN MIT LEBENSMITTELKONTAKT

> Einwandfrei, leicht zu reinigen und zu desinfizieren
> Hygienisch unbedenkliche, glatte, abwaschbare Materialien
> Keine Nutzung der Räume für betriebsfremde Zwecke

EINRICHTUNGEN ZUM REINIGEN VON LEBENSMITTELN

> Getrennt von Handwaschbecken
> Warm- oder Kaltwasserzufuhr

EINRICHTUNGEN ZUM REINIGEN UND DESINFIZIEREN VON ARBEITSGERÄTEN

> Korrosionsbeständiges Material, leicht zu reinigen
> Warm- und Kaltwasserzufuhr

GEGENSTÄNDE UND EINRICHTUNGEN MIT LEBENSMITTELKONTAKT

> Leicht sauber und instand zu halten, leicht zu desinfizieren
> Anordnung so, dass eine Reinigung des Umfeldes möglich ist

VORRICHTUNGEN UND BEHÄLTER ZUR LAGERUNG UND BEFÖRDERUNG VON LEBENSMITTELN, AUCH FAHRZEUGE

> Sauber und intakt
> Die erforderliche Temperatur kann aufrechterhalten werden
> Temperaturmessgeräte vorhanden
> Reinigung und Desinfektion möglich
> Werden andere Waren damit befördert: entsprechende Arbeitsanweisungen zu Logistik, Reinigung und Desinfektion müssen vorhanden sein

LEBENSMITTELABFÄLLE, ANDERE ABFÄLLE

> Behälter sauber und intakt
> Keine Zwischenlagerung im Produktionsraum
> Korrekte Lagerung und Entsorgung

PERSONAL

> Personalschulungen werden regelmäßig durchgeführt und protokolliert
> Gesundheitszeugnisse vorhanden

EIGENKONTROLLSYSTEM

> Vordrucke vorhanden für:
- Temperaturkontrolle Kühleinrichtungen
- Warenannahme
- Tagesproduktionsblätter
- Reinigungspläne
- Rückstellproben
- Personalschulungen
- Arbeitsanweisungen

ALLGEMEINES

> Wasserversorgung mit Trinkwasserqualität vorhanden
> Mikrobiologische Untersuchung eigener Brunnen viermal jährlich gewährleistet

04

BILANZIERUNG, REZEPTUREN, EISDESSERTS UND EISBECHER

BILANZIERUNG

Voraussetzung für ein gelingendes Rezept ist die Berechnung (Bilanzierung) der Inhaltsstoffe, die die verwendeten Zutaten in das Eis einbringen.

GRUNDSTOFFE	WASSER	ZUCKER	FETT	MILCH-TROCKEN-MASSE	ANDERE TROCKEN-MASSE	TROCKEN-MASSE GESAMT
BITTERSCHOKOLADE	—	50	30	—	20	100
BÜFFELMILCH	85	—	6	9	—	15
BUTTER	15	—	84	1	—	85
BUTTERREINFETT	1	—	99	—	—	99
DEXTROSE	8	92	—	—	—	92
EIGELB FRISCH	50	—	32	—	18	50
EIGELB PASTEURISIERT	27	—	50	14	9	73
EIGELB PULVER	—	—	66	—	34	100
EIGELB UNGEZUCKERT	55	—	1	28	16	45
EISWEISS PASTEURISIERT	85	—	—	—	15	15
EIWEISS	85	—	—	—	15	15
ENTRAHMTE MILCH	91	—	—	9	—	9
ENTRAHMTE MILCH 1,8%	89,2	—	1,8	9	—	10,8
FRUCHTBASE 30	—	97	—	—	3	100
FRUCHTSIRUP	80	20	—	—	—	20
FRUCTOSE	0	100	—	—	—	100
GLUKOSE SIRUP 42 DE	20	80	—	—	—	80
GLUKOSESIRUP GETROCKNET 28 DE	5	95	—	—	—	95
GLUKOSESIRUP GETROCKNET 38 DE	5	95	—	—	—	95
HONIG	20	80	—	—	—	80
INULIN	—	—	—	—	100	100
INVERTZUCKER	35	65	—	—	—	65
JOGHURT PULVER	—	33	—	44	23	100
JOGURT FRISCH 3,5%	87	—	3,5	9,5	—	13
JOGURT FRISCH MAGER	90	—	0,5	9,5	—	10
KAKAOMASSE	—	—	61	32	7	100
KAKAOPULVER 10/12	5	—	11	—	84	95
KAKAOPULVER 22/24	—	—	23	—	77	100
KAKAOPULVER GEZUCKERT	2	62	23	—	13	98
KOKOSFETT PULVERISIERT	—	—	100	—	—	100

(Alle Angaben in Prozent)

GRUNDSTOFFE	WASSER	ZUCKER	FETT	MILCH-TROCKEN-MASSE	ANDERE TROCKEN-MASSE	TROCKEN-MASSE GESAMT
KOKOSÖL	—	—	100	—	—	100
KONDENSMILCH MAGER	30	42	—	28	—	70
KONDENSMILCH VOLLFETT	30	42	8	20	—	70
KRISTALLZUCKER	—	100	—	—	—	100
MAGERMILCHPULVER	1	—	—	99	—	99
MALTODEXTRIN 18 DE	5	95	—	—	—	95
MALTODEXTRIN 5 DE	5	95	—	—	—	95
MARGARINE	16	—	84	—	—	84
MASCARPONE	45,4	—	47	7,6	—	54,6
MILCHBASE 30	—	46	—	51	3	100
MILCHPULVER TEILENTRAHMT	2	—	13	85	—	98
MILCHSCHOKOLADE	—	41	30	24	5	100
NEUTRO W/K 3-5	—	49	—	—	51	100
RICOTTA AUS KUHMILCH	75	—	13	12	—	25
RICOTTA AUS SCHAFSMILCH	60	—	24	16	—	40
SAHNE 25%	68	—	25	7	—	32
SAHNE 30%	64	—	30	6	—	36
SAHNE 32%	62	—	32	6	—	38
SAHNE 40%	55	—	40	5	—	45
SAHNE 75%	6	—	75	19	—	94
SAHNEPULVER	6	—	42	52	—	94
SCHOKOLADE WEISS	—	65	27	—	8	100
SIRUP 50%	50	50	—	—	—	50
SORBIT GETROCKNET	1	99	—	—	—	99
VOLLEI	75	—	10	—	15	25
VOLLEI PULVER	7	—	40	—	53	93
VOLLMILCH 3%	88	—	3	9	—	12
VOLLMILCH 3,5%	88	—	3,5	8,5	—	12
VOLLMILCH 4%	87	—	4	9	—	13
VOLLMILCHPULVER	2	—	26	72	—	98
WASSER	100	—	—	—	—	—

DIVERSE PASTEN	WASSER	ZUCKER	FETT	MILCH-TROCKEN-MASSE	ANDERE TROCKEN-MASSE	TROCKEN-MASSE GESAMT
AMARETTO	24	69	1	—	6	76
ANANAS	26	69	—	—	5	74
APFEL GRÜN	14	72	—	—	14	86
APRIKOSE	22	73	—	—	5	78
BANANE	17	72	—	—	11	83
BIRNE	31	64	—	—	5	69
„BLUE“	21	70	—	—	9	79
CAFÉ	17	32	46	—	5	83
CAPPUCCINO	33	53	2	—	4	67
CASSATA	28	72	—	—	—	72
COLA	30	70	—	—	—	70
ERDBEERE	10	71	—	—	20	90
ERDNUSS	6	19	50	—	25	94
HASELNUSS	36	—	60	—	4	64
HEIDELBEERE	12	70	—	—	18	88
HIMBEERE	12	70	—	—	18	88
KARAMELL	35	43	—	—	22	65
KEKS	26	73	1	—	1	74
KIRSCHE	23	48	—	—	29	77
KIWI	20	60	—	—	21	80
KOKOSNUSS	24	60	—	—	15	76
KÜSSCHEN BRAUN	24	9	54	—	13	76
KÜSSCHEN WEISS	8	36	48	—	8	92
LIMONE	9	73	—	—	18	91
MALAGA MIT ROSINEN	23	58	—	—	19	77
MALAGASIRUP	28	70	—	—	3	72
MANDEL	—	—	55	—	45	100
MANGO	30	61	—	—	9	70
MARACUJA	27	63	—	—	10	73
MELONE	15	64	—	—	21	85
MINZE	30	70	—	—	—	70

(Alle Angaben in Prozent)

DIVERSE PASTEN	WASSER	ZUCKER	FETT	MILCH-TROCKEN-MASSE	ANDERE TROCKEN-MASSE	TROCKEN-MASSE GESAMT
NUGAT	18	30	42	—	10	82
PANNA COTTA	19	70	—	—	1	81
PFIRSICH	13	69	—	—	17	87
ROSE	30	61	—	—	9	70
RUM-KROKANT	6	57	33	—	4	94
SCHOKOLADE	7	37	37	—	19	93
TIRAMISU	47	45	5	—	3	53
TORRONCINO	—	40	15	—	45	100
VANILLE EXTRA	27	69	—	—	4	73
VANILLE KLASSISCH	28	69	—	—	3	72
WALDFRUCHT	13	72	—	—	15	87

Bilanzierung mit Rezept	Name der Rezeptur: Vanille Milcheis							Preis pro kugel Eis (50g) 20 Kugeln			©Eisfachschule	0,05 €
Auswahl Grundstoffe	Menge in gr.	Schalen 2	Anteil	Wasser	Zucker	Fett	MtM	AtM	GtM	Preis pro Kg	Angebot-preis	Preis nach Gewicht
Vollmilch 3,5%	2500 g	5.000 g	61,33%	4.400 g	0 g	175 g	425 g	0 g	600 g	0,52 €		2,60 €
Sahne 32%	500 g	1.000 g	12,27%	620 g	0 g	320 g	60 g	0 g	380 g	1,44 €		1,44 €
Kristallzucker	550 g	1.100 g	13,49%	1 g	1.098 g	0 g	0 g	1 g	1.099 g	0,58 €		0,64 €
Magermilchpulver	140 g	280 g	3,43%	6 g	0 g	3 g	272 g	0 g	274 g	2,40 €		0,67 €
Dextrose	110 g	220 g	2,70%	22 g	198 g	0 g	0 g	0 g	198 g	0,73 €		0,16 €
Inulin	70 g	140 g	1,72%	6 g	11 g	0 g	0 g	123 g	134 g	3,30 €		0,46 €
Salz	4 g	8 g	0,10%	0 g	0 g	0 g	0 g	8 g	8 g	0,85 €		0,01 €
Stabilisatoren												
Milchbase 30	120 g	240 g	2,94%	0 g	110 g	0 g	122 g	7 g	240 g	3,40 €		0,82 €
Aromaextrakte												
Naturprodukte												
Vanille klassisch, Eigenherstellung	80 g	160 g	1,96%	46 g	110 g	0 g	0 g	4 g	114 g	12,80 €		2,05 €
Zitronenabrieb	2 g	4 g	0,05%	0 g	0 g	0 g	0 g	4 g	4 g	- €		- €
Menge Gesamt	4.076 g	8.152 g	Maxpreis	3,68 €	Minpreis	0,29 €	Durchschnitt	1,17 €	Dieses Eis	1,08 €	Minus Dif. -	0,09 €

Milcheis	Verkaufstemperatur	-12.07 °C

©Eisfachschule Uwe Koch

Zusätze / Deko			Preis pro Kg	Angebot-preis	Preis nach Gewicht
Menge Anzahl Schalen	1	2			
(Kilojoule) 752,99 Kj	(Kilokalorien) 179,67 Kcal		Ballaststoffe 1,555 g		

Nährwerte pro 100 g	
Fett	6,254 g
davon ges. Fettsäuren	0,000 g
Kohlenhydrate	25,185 g
davon Zucker	22,994 g
Eiweiß / Protein	4,463 g
Salz / Natrium	0,168 g

Produkte	Milcheis	Fruchteis
Wasser	62,57%	62,57%
Zucker	18,74%	18,74%
Fett	6,10%	6,10%
M. Trockenm.	10,78%	10,78%
G. Trockenm.	37,43%	37,43%
Gesamtmasse	100,00%	100,00%

DER VORGANG DES BILANZIERENS

Aus den in der Tabelle genannten Zutaten lässt sich nun unter Beachtung der einzelnen Parameter sowie der gesetzlichen Bestimmungen und Einschränkungen jede Eisrezeptur errechnen. Zutat für Zutat wird zusammengefügt, bis eine optimal bilanzierte Rezeptur entstanden ist. Ziel ist ein vom Eishersteller individuell ausbilanziertes Speiseeisrezept, welches dem erhofften Geschmackserlebnis und dem damit verbundenen angestrebten Umsatz entspricht. Regional unterschiedliche Geschmacksvorlieben, Verkaufsmöglichkeiten und auch der Standort spielen hierbei eine entscheidende Rolle. Der Eisgenuss ist immer auch eine subjektive Angelegenheit; manche Eigenschaften lassen sich lediglich durch den Verkaufserfolg und die Beliebtheit beim Kunden messen.

Alteingesessene Eishersteller vererben ihre Methoden und Rezepturen häufig von Generation zu Generation weiter. Diese Rezepturen sind meist durch zahlreiche Experimente entstanden. Heute lässt sich jedes Eis theoretisch berechnen, aber kein Computer und auch keine Analyse kann letztlich den persönlichen Geschmack, den eigenen „Touch" eines jeden Eismachers, ersetzen. Lediglich die verwendeten Stoffe lassen sich in einer Bilanzierung auf die theoretisch optimalen Anteile an Wasser, Fett, Zucker, Trockenmasse oder Früchten untersuchen.

Die Rezeptur und die verarbeiteten Zutaten hängen zusätzlich auch stark von der Herstellungsmethode und den Produktionsgeräten ab, die ihrerseits Einfluss auf das Endergebnis nehmen.

RECHENBEISPIEL 1:

Bilanzierung und anschließende Analyse einer einfachen weißen Milchgrundmasse, wie sie häufig für Stracciatellaeis oder marmorierte Sorten verwendet wird. Berechnet wird auf ein Volumen von etwa 5 Liter fertigem Speiseeis; dies entspricht einem Einfüllgewicht von etwa 4.000 g.

GRUNDSTOFFE	MENGE IN G	WASSER	ZUCKER	FETT	MILCH-TROCKEN-MASSE	ANDERE TROCKEN-MASSE	TROCKEN-MASSE GESAMT
MILCH	2.700	2.376	0	94,5	229,5	0	324
SAHNE	300	186	0	96	18	0	114
ZUCKER	600	0	600	0	0	0	600
MAGERMILCH-PULVER	100	1	0	0	99	0	99
DEXTROSE	100	4	96	0	0	0	96
MILCHBASE 30 G	120	0	0	0	0	120	120
SALZ	3	0	0	0	0	3	3
GESAMT	**3.923**	**2.567**	**696**	**190,5**	**346,5**	**123**	**1.356**

In der abgebildeten Tabelle findet sich als erster Wert die Milch mit einem Gewicht von 2.700 Gramm. Da Vollmilch zu 88 Prozent aus Wasser besteht, muss (siehe Grundstofftabelle Seite 81) berechnet werden, wie viel 88 Prozent von 2.700 Gramm sind, wie viel Gramm Wasser also in der verwendeten Milch enthalten sind. Es ergibt sich ein Wert von 2.376 Gramm. Analog dazu wird mit den restlichen Inhaltsstoffen aller in der Eisrezeptur verwendeten Zutaten verfahren. Die Ergebnisse finden sich in der untersten Zeile der Tabelle auf Seite 84 unten.

Nun folgt die Analyse der ermittelten Werte und ihre anschließende Anpassung zur Optimierung der Eisrezeptur:

Anhand der Grundstofftabelle lassen sich die einzelnen Zutaten leicht in ihre Bausteine zerlegen. Hierzu findet der einfache Dreisatz Anwendung, um die prozentualen Angaben zu erhalten und diese mit dem bereits errechneten Werten zu vergleichen:

2.567 g Wasser	x 100 : 3.923 g Gesamtgew. =	**65,43 %**
696 g Zucker	x 100 : 3.923 g Gesamtgew. =	**17,74 %**
190,5 g Fette	x 100 : 3.923 g Gesamtgew. =	**4,86 %**
1.356 g ges. Trockenm.	x 100 : 3.923 g Gesamtgew. =	**34,57 %**

Die Summe aus Wasser und Gesamttrockenmasse muss immer 100 Prozent ergeben. Teilweise gibt es eine Toleranz aufgrund des Auf- oder Abrundens. Dafür liegt der Toleranzbereich bei 0,5 Prozent und ist kalkulatorisch nicht relevant.

Die Trockenmasse ist mit 34,57 Prozent nahe am optimalen Punkt.

Demnach liegt das Wasser mit 65,43 Prozent im Verhältnis ebenfalls gut.

Der Zucker mit 17,74 Prozent könnte etwas höher liegen, was dann zusätzlich die Trockenmasse noch etwas optimieren würde.

Der Fettgehalt zeigt mit 4,86 Prozent ein leichtes Eis mit guten, volumenzunehmenden Eigenschaften. Mehr Fett würde das Eis schwer und sehr fest machen.

WICHTIG! Ich arbeite mit meiner eigenen Milchbase in der Dosierung 30 Gramm pro Kilogramm Eismix. So ist mir der Gesamt-Zuckergehalt bekannt. Bei fertigen Bindemitteln muss deren Zuckergehalt mit berechnet werden. Je höher die Dosierung des Bindemittels (der Base), desto höher ist auch der Gehalt an Zucker. Dies ist immer zu berücksichtigen.

Als Nächstes kann die Rezeptur optimiert werden:

Ist eine Rezeptur so nahe an den Idealwerten, kann das Optimum nicht einfach durch Zugaben erreicht werden, denn dadurch würde sich auch das Gesamtgewicht verändern und somit schlimmstenfalls die Eismaschine zum Überlaufen bringen.

Ein Ansatzpunkt wäre es, den etwas zu niedrigen Zuckergehalt zu erhöhen. Dazu muss 1 Prozent der Gesamtmenge errechnet werden.

Dieses entspricht im Beispiel 39,23 Gramm (wir runden der Einfachheit halber auf 40 Gramm). Um eine zu starke Süße zu vermeiden, kann man einen Teil als Dextrose zufügen. Damit jedoch das Gesamtgewicht nicht überschritten wird, muss ein anderer Teil der Rezeptur in gleicher Menge entnommen werden. In diesem Fall ist dies ein Teil der Milch, da hier noch genügend Spielraum zum Optimum besteht. Die Menge an Dextrose wird also von 100 auf 140 Gramm erhöht, die Menge an Milch von 2.700 auf 2.660 gesenkt.

Demnach gestaltet sich die Rezeptur mit anhängender Analyse wie folgt:

GRUNDSTOFFE	MENGE IN G	WASSER	ZUCKER	FETT	MILCH-TROCKEN-MASSE	ANDERE TROCKEN-MASSE	TROCKEN-MASSE GESAMT
MILCH	2.660	2.340	0	93,1	226,1	0	319
SAHNE	300	186	0	96	18	0	114
ZUCKER	600	0	600	0	0	0	600
MAGERMILCH-PULVER	100	1	0	0	99	0	99
DEXTROSE	140	5,6	134,4	0	0	0	140
MILCHBASE 30 G	120	0	0	0	0	120	120
SALZ	3	0	0	0	0	3	3
GESAMT	**3.923**	**2.532,6**	**734,6**	**189,1**	**343,1**	**123**	**1.389,6**

Analyseschema analog zu Seite 85:

2.532,6 g Wasser	x 100 : 3.923 g Gesamtgew. =	**64,557 %**
734,4 g Zucker	x 100 : 3.923 g Gesamtgew. =	**18,720 %**
189,1 g Fette	x 100 : 3.923 g Gesamtgew. =	**4,820 %**
1.389,6 g ges. Trockenm.	x 100 : 3.923 g Gesamtgew. =	**35,420 %**

Nun sind alle Werte theoretisch im optimalen Bereich. Bestätigen aber kann dies letztendlich nur eine Gefrierprobe. Besteht das Eis diesen Test, kann es Grund- und Kalkulationsrezeptur für alle Milcheisrezepturen sein. Denn eines muss immer beachtet werden: Alle Eissorten in der Vitrine sollten sich in den Grundwerten gleich oder zumindest ähnlich sein, damit sie sich nicht in der Festigkeit unterscheiden, was der Kunde bemerken würde. Dieses Problem tritt meist nur bei stark voneinander abweichenden, in ihren Zusammensetzungen nicht aufeinander abgestimmten Eissorten auf.

RECHENBEISPIEL 2:

Ziel ist es, eine Grundrezeptur für Milcheis mit den gesetzlich festgelegten Mindestanforderungen ohne eine bestehende Rezeptur zu erstellen.

Zur Erinnerung die gesetzlichen Vorschriften für Milcheis:

> Milchanteil von 70 Prozent oder ein entsprechender Milchfettgehalt von 2,45 Prozent
> Zuckergehalt zwischen 18 und 20 Prozent (alle Zuckerarten)
> Wasseranteil 62 bis 65 Prozent
> Trockenmasse 35 bis 38 Prozent

Zunächst muss das Fassungsvermögen der zur Verfügung stehenden Eismaschine festgestellt werden, in unserem Beispiel sind das 4.000 Gramm.

70 Prozent Milch von 4.000 Gramm Gesamtgewicht entsprechen einer Menge von 2.800 Gramm.

19 Prozent Zucker von 4.000 Gramm ergeben eine Menge von 760 Gramm.

Um ein cremigeres und weicheres Endergebnis zu erhalten, wird ein Fünftel dieser 19 Prozent durch Dextrose ersetzt. 20 Prozent Dextrose von 760 Gramm Zucker ergibt eine Menge von 152 Gramm. Wie bereits beschrieben, müssen diese von der Kristallzuckermenge subtrahiert werden, um das Gesamtgewicht nicht zu verändern. Zum einfacheren Abwiegen kann auf- bzw. abgerundet werden. Demzufolge beläuft sich die Zuckerzugabe auf 610 g Zucker und 150 g Dextrose.

Um nicht direkt am Maximum der Magermilchpulverzugabe (MMP) zu arbeiten (11,5 Prozent) werden versuchsweise 8 Prozent MMP angesetzt. 8 Prozent von 4.000 Gramm Gesamtgewicht ergeben 320 Gramm.

Zuletzt muss das Bindemittel nach Herstellerangabe eingesetzt werden. In diesem Fall eine 30g/kg-Basis für Milcheis. Dies bedeutet einen Einsatz von 120 Gramm Basis. Als leichter Geschmacksverstärker werden 3 Gramm Salz hinzugegeben.

Hieraus ergibt sich folgende Tabelle:

GRUNDSTOFFE	MENGE IN G	WASSER	ZUCKER	FETT	MILCH-TROCKEN-MASSE	ANDERE TROCKEN-MASSE	TROCKEN-MASSE GESAMT
MILCH	2.800	2.464	0	98	252	0	350
SAHNE	0	0	0	0	0	0	0
ZUCKER	610	0	610	0	0	0	610
MAGERMILCH-PULVER	320	3,2	0	0	316,8	0	316,8
DEXTROSE	150	6	144	0	0	0	144
MILCHBASE 30 G	120	0	0	0	0	120	120
SALZ	3	0	0	0	0	3	3
GESAMT	**4.003**	**2.473,2**	**754**	**98**	**568,87**	**123**	**1.543,8**

Der Wassergehalt unserer Rezeptur beträgt 2.473,2 Gramm. Dies entspricht exakt 61,783 Prozent.

Die gesamte Trockenmasse beträgt 1.543,8 Gramm. Dies entspricht exakt 38,566 Prozent.

Der Zuckergehalt beträgt 754 Gramm. Dies entspricht exakt 18,835 Prozent.

Der Fettgehalt beträgt 98 Gramm. Dies entspricht exakt 2,448 Prozent.

Vom Gesetzgeber würde dieses Eis als Milcheis akzeptiert. Dennoch ist diese Berechnung nicht als Idealrezeptur zu bezeichnen. Der Trockenmassegehalt liegt im Verhältnis zum Wasser zu hoch. Zudem ist der Fettgehalt das äußerste zu akzeptierende Minimum des Gesetzgebers, aus qualitativer Hinsicht allerdings nicht ausreichend, um den Mindestanforderungen an Cremigkeit und gutem Mundgefühl zu genügen.

Versuchen Sie nun einmal selbst, die bestehende Rezeptur so zu optimieren, dass genügend Fett sowie ein besseres Verhältnis Wasser zu Trockenmasse herauskommt. Benutzen Sie dazu die Grundstofftabelle unter Beibehaltung des Gesamtgewichts. Dies bedeutet, dass für jede Zutat, die zugefügt wird, eine andere in gleicher Menge entnommen werden muss. Eine kleine Hilfestellung: Milch kann durch Sahne ersetzt werden.

BILANZIEREN MIT EINEM ANALYSE-PROGRAMM

Es sind auf dem Markt auch Computerprogramme zur Bilanzierung von Eisrezepturen erhältlich. Grundsätzlich funktionieren diese folgendermaßen: Es müssen zunächst die Grundprodukte ausgewählt und deren Gewichte in die entsprechende Spalte eingetragen werden. Ebenso verfährt man mit dem Bindemittel, den Geschmacksstoffen sowie gegebenenfalls den Früchten. Das Programm zeigt nun direkt bei Eingabe an, ob man sich mit den Mengen im funktionierenden Bereich befindet oder ob bei einzelnen Parametern die Rohstoffzugabe verändert werden muss. Ebenso kann ein solches Programm die mit einer Rezeptur verbundenen Materialkosten anzeigen.

Bei Interesse an einem Bilanzierungsprogramm, kontaktieren Sie bitte die Eisfachschule. Kontaktdaten siehe Seite 284.

VANILLE & VARIANTEN

Alle nachstehenden Rezepturen sind ausgelegt für eine Menge von 5 Litern fertigem Speiseeis. Aufgrund der unterschiedlichen Eisrohstoffe und Herstellungsgeräte können dennoch kleine Abweichungen auftreten. Die Typzugehörigkeit der Zutaten ist durch **F = FLÜSSIGKEIT** sowie durch **T = TROCKENMASSE** gekennzeichnet. In der Regel werden zunächst alle dem Typ F zugehörigen Produkte zusammen abgewogen, anschließend die des Typs T, sie werden gemischt und abschließend zu Typ F gegeben.

Zum Abwiegen der flüssigen Bestandteile wird ein Edelstahleimer zu Hilfe genommen, die trockenen Zutaten zunächst der Flüssigkeit zugegeben und anschließend mit Hilfe des Stabmixers vermengt.

VANILLE-MILCHEIS KLASSISCH

ZUTATEN	TYP	MENGE IN G	ANTEIL %	HERSTELLUNG
Vollmilch 3,5 %	F	2.450,00	60,1 %	Pasteurisieren bis maximal 65 °C oder kalt verarbeiten. Die Schale von einer unbehandelten Zitrone abschälen und gemeinsam mit dem Abrieb einer unbehandelten Orange und 3 Espressobohnen etwa 20 Minuten in 500 g der Vollmilch bei 50 °C ziehen lassen. Vor der weiteren Verarbeitung die Schalen und die Vanillestangen abfiltern.
Schlagsahne 32 %	F	380,00	9,3 %	
Eier, pasteurisiert	F	250,00	6,1 %	
Vanillestangen	T	3,00	0,1 %	
Zucker	T	600,00	14,7 %	
Magermilchpulver	T	120,00	2,9 %	
Milchbase 30	T	100,00	2,5 %	
Dextrose	T	110,00	2,7 %	
Inulin	T	60,00	1,5 %	
Salz	T	4,00	0,1 %	
GESAMT		**4.077,00**	**100,00%**	
OVERRUN/ LITER VOLUMEN	25%	5.096,25	125,00%	

VANILLE-MILCHEIS

ZUTATEN	TYP	MENGE IN G	ANTEIL %	HERSTELLUNG
Vollmilch 3,5 %	F	2.500,00	61,4 %	Pasteurisieren bis auf 85 °C oder kalt verarbeiten.
Schlagsahne 32 %	F	500,00	12,3 %	
Vanillepaste	F	80,00	2,0 %	
Zucker	T	550,00	13,5 %	
Magermilchpulver	T	140,00	3,4 %	
Milchbase 30	T	120,00	2,9 %	
Dextrose	T	110,00	2,7 %	
Inulin	T	70,00	1,7 %	
Salz	T	4,00	0,1 %	
GESAMT		**4.074,00**	**100,00%**	
OVERRUN/ LITER VOLUMEN	25%	5.092,50	125,00%	

VANILLEPASTE

Die pastöse Vanille etwa 2 Tage vor Gebrauch herstellen

ZUTATEN	MENGE IN G	HERSTELLUNG
Wasser	600,00	Wasser und Glukosesirup aufkochen, die gemahlene Vanille einrühren, erneut aufkochen. Dieses für ca. 5–10 Minuten kochen lassen und leicht einreduzieren.
Glukosesirup, getrocknet	750,00	
Vanille, gemahlen	100,00	
GESAMT	**1.450,00**	

HERSTELLUNG DER VANILLEPASTE

VANILLE-MILCHEIS MIT VOLLEI

ZUTATEN	TYP	MENGE IN G	ANTEIL %	HERSTELLUNG
Vollmilch 3,5 %	F	2.450,00	60,1 %	Pasteurisieren bis auf maximal 65 °C oder kalt verarbeiten.
Schlagsahne 32 %	F	380,00	9,3 %	
Eier, pasteurisiert	F	250,00	6,1 %	
Vanillestangen	T	3,00	0,1 %	
Zucker	T	600,00	14,7 %	
Magermilchpulver	T	120,00	2,9 %	
Milchbase 30	T	100,00	2,5 %	
Dextrose	T	110,00	2,7 %	
Inulin	T	60,00	1,5 %	
Salz	T	4,00	0,1 %	
GESAMT		**4.077,00**	**100,00%**	
OVERRUN/ LITER VOLUMEN	**25%**	**5.096,25**	**125,00%**	

VANILLE-CREMEEIS

ZUTATEN	TYP	MENGE IN G	ANTEIL %	HERSTELLUNG
Vollmilch 3,5 %	F	2.250,00	55,2 %	Pasteurisieren bis auf 85 °C oder kalt verarbeiten. Vanillestangen der Länge nach aufschneiden und das Vanillemark herauskratzen. Die Stange möglichst lange in der warmen Flüssigkeit mit erwärmen und erst vor dem Gefrieren herausnehmen. **TIPP:** Vor dem Erhitzen das Eigelb glatt rühren.
Schlagsahne 32 %	F	528,00	13,0 %	
Eigelb	F	300,00	7,4 %	
Vanillestangen	T	3,00	0,1 %	
Zucker	T	550,00	13,5 %	
Magermilchpulver	T	140,00	3,4 %	
Milchbase 30	T	120,00	2,9 %	
Dextrose	T	110,00	2,7 %	
Inulin	T	70,00	1,7 %	
Salz	T	4,00	0,1 %	
GESAMT		**4.075,00**	**100,00%**	
OVERRUN/ LITER VOLUMEN	**25%**	**5.093,75**	**125,00%**	

SCHOKOLADE

Bei der Herstellung von Schokoladeneis muss immer genauestens auf die Temperatur geachtet werden. Kakaopulver gibt seinen Geschmack erst ab 92 °C ab. Aus diesem Grund koche ich häufig den Kakao einmal extra auf und stelle eine Art Schokoladencreme her, die man auch gut auf Vorrat produzieren kann. Dem fertigen Eis können kurz vor Ende des Gefriervorgangs Schokoladenstückchen jeder Form zugefügt werden.

SCHOKOLADEN-CREMEEIS

ZUTATEN	TYP	MENGE IN G	ANTEIL %	HERSTELLUNG
Vollmilch 3,5 %	F	2.370,00	57,3 %	Pasteurisieren bis auf maximal 85 °C.
Schlagsahne 32 %	F	350,00	8,5 %	
Eigelb, pasteurisiert	F	300,00	7,2 %	
Kuvertüre	F	280,00	6,8 %	
Zucker	T	550,00	13,3 %	
Magermilchpulver	T	0,00	0,0 %	
Milchbase 30	T	100,00	2,4 %	
Dextrose	T	125,00	3,0 %	
Inulin	T	60,00	1,4 %	
Salz	T	4,00	0,1 %	
GESAMT		**4.139,00**	**100,00%**	
OVERRUN/ LITER VOLUMEN	25%	5.173,75	125,00%	

SCHOKOLADEN-MILCHEIS

ZUTATEN	TYP	MENGE IN G	ANTEIL %	HERSTELLUNG
Vollmilch	F	2.800,00	64,38 %	**ACHTUNG:** Zunächst die Schokoladenpaste herstellen! Aus den Zutaten einen Eismix kalt herstellen, die vorbereitete Schokoladenpaste heiß oder kalt in den Eismix pürieren und alles auf 85 °C pasteurisieren.
Schlagsahne	F	350,00	8,05 %	
Kakaopulver 22/24 %	T	190,00	4,37 %	
Zucker	T	650,00	14,95 %	
Dextrose	T	175,00	4,02 %	
Inulin	T	60,00	1,38 %	
Milchbase 30	T	120,00	2,76 %	
Salz	T	4,00	0,10 %	
GESAMT		**4.349,00**	**100,00 %**	
OVERRUN/ LITER VOLUMEN	25%	5.436,25	125,00 %	

SCHOKOLADENPASTE

Vom oben stehenden Rezept werden folgende Zutaten abgezogen und zu Schokoladenpaste verarbeitet:

ZUTATEN	TYP	MENGE IN G	HERSTELLUNG
Vollmilch 3,5 %	F	800,00	Vollmilch aufkochen, Kakaopulver und Zucker trocken miteinander vermischen, in die kochende Milch einrühren und unter ständigem Rühren erneut aufwallen lassen. Eventuell kurz mit dem Stabmixer bei langsamer Umdrehung mixen, um Klumpenbildung zu vermeiden.
Kakaopulver 22/24 %	T	190,00	
Zucker	T	150,00	

HERSTELLUNG DES SCHOKOLADEN-MILCHEIS-EISMIXES

SCHOKOLADEN-MILCHEIS MIT KUVERTÜRE

ZUTATEN	TYP	MENGE IN G	ANTEIL %	HERSTELLUNG
Vollmilch 3,5 %	F	2.750,00	64,1 %	Pasteurisieren bis auf maximal 85 °C.
Schlagsahne 32 %	F	370,00	8,6 %	
Kuvertüre	F	280,00	6,5 %	
Zucker	T	550,00	12,8 %	
Magermilchpulver	T	50,00	1,2 %	
Milchbase 30	T	100,00	2,3 %	
Dextrose	T	125,00	2,9 %	
Inulin	T	60,00	1,4 %	
Salz	T	4,00	0,1 %	
GESAMT		**4.289,00**	**100,00%**	
OVERRUN/ LITER VOLUMEN	**25%**	**5.361,25**	**125,00%**	

SCHOKOLADEN-MILCHEIS MIT KUVERTÜRE EXTRA

ZUTATEN	TYP	MENGE IN G	ANTEIL %	HERSTELLUNG
Vollmilch 3,5 %	F	2.800,00	64,5 %	Pasteurisieren bis auf maximal 85 °C. 1 Liter der Milch aufkochen und das Kakaopulver, mit 150 g des Zuckers vermischt, einrühren. Die Kuvertüre in der warmen Masse schmelzen. Alles zusammen unter ständigem Rühren aufkochen und kurz bei langsamer Umdrehung mit dem Stabmixer durchmixen.
Schlagsahne 32 %	F	370,00	8,5 %	
Kakaopulver 22/24	F	120,00	2,8 %	
Kuvertüre	F	220,00	5,1 %	
Zucker	T	600,00	13,8 %	
Magermilchpulver	T	0,00	0,0 %	
Milchbase 30	T	100,00	2,3 %	
Dextrose	T	125,00	2,9 %	
Inulin	T	0,00	0,0 %	
Salz	T	4,00	0,1 %	
GESAMT		**4.339,00**	**100,00%**	
OVERRUN/ LITER VOLUMEN	25%	5.423,75	125,00%	

VOLLMILCH-SCHOKOLADEN-MILCHEIS

ZUTATEN	TYP	MENGE IN G	ANTEIL %	HERSTELLUNG
Vollmilch 3,5 %	F	2.750,00	67,3 %	Pasteurisieren bis auf maximal 85 °C. Die zerkleinerte Milchkuvertüre in etwa 1 Liter erwärmter Milch schmelzen.
Schlagsahne 32 %	F	200,00	4,9 %	
Milchkuvertüre	F	350,00	8,6 %	
Zucker	T	500,00	12,2 %	
Magermilchpulver	T	0,00	0,0 %	
Milchbase 30	T	120,00	2,9 %	
Dextrose	T	100,00	2,4 %	
Inulin	T	60,00	1,5 %	
Salz	T	4,00	0,1 %	
GESAMT		**4.084,00**	**100,00%**	
OVERRUN/ LITER VOLUMEN	25%	5.105,00	125,00%	

SCHOKOLADEN-SORBET

ZUTATEN	TYP	MENGE IN G	ANTEIL %	HERSTELLUNG
Wasser	F	2.600,00	59,44 %	Pasteurisieren auf 92 °C. Bei ca. 50 °C die grob zerkleinerte Kuvertüre zugeben.
Kakaopulver 22/24 %	T	400,00	9,14 %	
Kuvertüre, dunkel	F	400,00	9,14 %	
Zucker	T	600,00	13,72 %	
Glukosesirup, getrocknet	T	100,00	2,29 %	
Dextrose	T	100,00	2,29 %	
Inulin	T	50,00	1,15 %	
Fruchtbase 30	T	120,00	2,74 %	
Salz	T	4,00	0,10 %	
GESAMT		**4.374,00**	**100,00 %**	
OVERRUN/ LITER VOLUMEN	**25%**	**5.467,50**	**125,00 %**	

SCHOKOLADEN-ORANGEN-MILCHEIS

ZUTATEN	TYP	MENGE IN G	ANTEIL %	HERSTELLUNG
Vollmilch 3,5 %	F	1.820,00	40,9 %	Pasteurisieren bis auf maximal 85 °C. Die Flüssigkeiten „F" wiegen, mischen und erwärmen. Trockene Zutaten „T" wiegen, mischen und der warmen Flüssigkeit zugeben. Den Abrieb einer unbehandelten Orangenschale zugeben. Kurz vor der Entnahme aus dem Gefriergerät 50 g Cointreau (Orangenlikör) zugeben.
Schlagsahne 32 %	F	370,00	8,3 %	
Orangensaft	F	800,00	18,0 %	
Eigelb	F	220,00	4,9 %	
Kuvertüre	F	280,00	6,3 %	
Kakaopulver 22/24	T	40,00	0,9 %	
Zucker	T	550,00	12,4 %	
Magermilchpulver	T	60,00	1,3 %	
Milchbase 30	T	120,00	2,7 %	
Dextrose	T	125,00	2,8 %	
Inulin	T	60,00	1,3 %	
Salz	T	4,00	0,1 %	
GESAMT		**4.449,00**	**100,00%**	
OVERRUN/ LITER VOLUMEN	**25%**	**5.561,25**	**125,00%**	

WEISSE-SCHOKOLADE-MILCHEIS

ZUTATEN	TYP	MENGE IN G	ANTEIL %	HERSTELLUNG
Vollmilch 3,5 %	F	3.000,00	72,0 %	Pasteurisieren bis auf maximal 85 °C. Die zerkleinerte Kuvertüre in etwa 1 Liter erwärmter Milch schmelzen. Kurz vor der Entnahme aus dem Gefriergerät 100 g weiße Schokoladenstücke grob gemahlen zugeben.
Schlagsahne 32 %	F	0,00	0,0 %	
weiße Kuvertüre	T	300,00	7,2 %	
Zucker	T	450,00	10,8 %	
Magermilchpulver	T	130,00	3,1 %	
Milchbase 30	T	120,00	2,9 %	
Dextrose	T	100,00	2,4 %	
Inulin	T	60,00	1,4 %	
Salz	T	4,00	0,1 %	
GESAMT		**4.164,00**	**100,00%**	
OVERRUN/ LITER VOLUMEN	**25%**	**5.205,00**	**125,00%**	

WEISSE-SCHOKOLADE-MATCHATEE-MILCHEIS

ZUTATEN	TYP	MENGE IN G	ANTEIL %	HERSTELLUNG
Vollmilch 3,5 %	F	3.000,00	71,9 %	Pasteurisieren bis auf maximal 85 °C. Die zerkleinerte Kuvertüre und das Matchatee-Pulver in etwa 1 Liter erwärmter Milch schmelzen.
Schlagsahne 32 %	F	0,00	0,0 %	
Matchatee-Pulver	F	6,00	0,1 %	
weiße Kuvertüre	T	300,00	7,2 %	
Zucker	T	450,00	10,8 %	
Magermilchpulver	T	130,00	3,1 %	
Milchbase 30	T	120,00	2,9 %	
Dextrose	T	100,00	2,4 %	
Inulin	T	60,00	1,4 %	
Salz	T	4,00	0,1 %	
GESAMT		**4.170,00**	**100,00%**	
OVERRUN/ LITER VOLUMEN	**25%**	**5.212,50**	**125,00%**	

NUSS & CO.

Die nussartigen Eissorten erfreuen sich großer Beliebtheit; es können zahlreiche Variationen hergestellt werden. Das Aroma von Nuss-, Mandel- und Pistazienmark wird durch Erwärmen oder Pasteurisieren des Eismixes intensiver. Aus diesem Grund pasteurisiere ich die einzelnen Sorten grundsätzlich bis auf 85 °C. Kurz vor Entnahme aus dem Gefriergerät gebe ich zur Hervorhebung des Aromas entsprechende Nussstückchen zu. Grundsätzlich verzichtet man bei Nusseis auf den Einsatz von Schlagsahne und Magermilchpulver, da die Nüsse selbst ausreichend Fett und Trockenmasse liefern.

HASELNUSS-MILCHEIS

ZUTATEN	TYP	MENGE IN G	ANTEIL %	HERSTELLUNG
Vollmilch 3,5 %	F	2.950,00	69,2 %	Kurz vor der Entnahme aus dem Gefriergerät etwa 100 g geröstete, grob zerkleinerte Haselnüsse zugeben.
Haselnussmark	F	280,00	6,6 %	
Glukosesirup, getrocknet	T	80,00	1,9 %	
Zucker	T	650,00	15,2 %	
Milchbase 30	T	120,00	2,8 %	
Dextrose	T	120,00	2,8 %	
Inulin	T	60,00	1,4 %	
Salz	T	4,00	0,1 %	
GESAMT		**4.264,00**	**100,00%**	
OVERRUN/ LITER VOLUMEN	25%	5.330,00	125,00%	

CASHEW-MILCHEIS

ZUTATEN	TYP	MENGE IN G	ANTEIL %	HERSTELLUNG
Vollmilch 3,5 %	F	2.950,00	69,2 %	Pasteurisieren bis auf maximal 85 °C.
Cashewmark	F	280,00	6,6 %	
Glukosesirup, getrocknet	T	80,00	1,9 %	
Zucker	T	650,00	15,2 %	
Milchbase 30	T	120,00	2,8 %	
Dextrose	T	120,00	2,8 %	
Inulin	T	60,00	1,4 %	
Salz	T	4,00	0,1 %	
GESAMT		**4.264,00**	**100,00%**	
OVERRUN/ LITER VOLUMEN	25%	5.330,00	125,00%	

ERDNUSS-MILCHEIS

ZUTATEN	TYP	MENGE IN G	ANTEIL %	HERSTELLUNG
Vollmilch 3,5 %	F	2.950,00	69,2 %	Kurz vor der Entnahme aus dem Gefriergerät etwa 100 g geröstete, gesalzene Erdnüsse zugeben. **ACHTUNG:** Nicht zu lange rühren, da das Salz der Erdnüsse sonst die Struktur des Eises zerstört.
Erdnussmark	F	280,00	6,6 %	
Glukosesirup, getrocknet	T	80,00	1,9 %	
Zucker	T	650,00	15,2 %	
Milchbase 30	T	120,00	2,8 %	
Dextrose	T	120,00	2,8 %	
Inulin	T	60,00	1,4 %	
Salz	T	4,00	0,1 %	
GESAMT		**4.264,00**	**100,00%**	
OVERRUN/ LITER VOLUMEN	25%	5.330,00	125,00%	

MANDEL-MILCHEIS

ZUTATEN	TYP	MENGE IN G	ANTEIL %	HERSTELLUNG
Vollmilch 3,5 %	F	2.950,00	69,2 %	Pasteurisieren bis auf maximal 85 °C.
Mandelmark	F	280,00	6,6 %	
Glukosesirup, getrocknet	T	80,00	1,9 %	
Zucker	T	650,00	15,2 %	
Milchbase 30	T	120,00	2,8 %	
Dextrose	T	120,00	2,8 %	
Inulin	T	60,00	1,4 %	
Salz	T	4,00	0,1 %	
GESAMT		**4.264,00**	**100,00%**	
OVERRUN/ LITER VOLUMEN	25%	5.330,00	125,00%	

WIENER-MANDEL-MILCHEIS

ZUTATEN	TYP	MENGE IN G	ANTEIL %	HERSTELLUNG
Vollmilch 3,5 %	F	2.950,00	69,2 %	Kurz vor der Entnahme aus dem Gefriergerät 150 g ganze gebrannte Mandeln zugeben.
Mandelmark	F	280,00	6,6 %	
Glukosesirup, getrocknet	T	80,00	1,9 %	
Zucker	T	650,00	15,2 %	
Milchbase 30	T	120,00	2,8 %	
Dextrose	T	120,00	2,8 %	
Inulin	T	60,00	1,5 %	
Salz	T	4,00	0,1 %	
GESAMT		**4.264,00**	**100,00%**	
OVERRUN/ LITER VOLUMEN	**25%**	**5.330,00**	**125,00%**	

MACADAMIA-MILCHEIS

ZUTATEN	TYP	MENGE IN G	ANTEIL %	HERSTELLUNG
Vollmilch 3,5 %	F	2.950,00	69,3 %	Steht kein geröstetes Macadamiamark zur Verfügung, kann man dies leicht selbst herstellen. Dazu das Mark in eine Pfanne geben und ständig rühren. Achtung: Macadamiamark brennt aufgrund des hohen Ölgehalts sehr leicht an.
Macadamiamark	F	300,00	7,1 %	
Glukosesirup, getrocknet	T	80,00	1,9 %	
Zucker	T	620,00	14,6 %	
Milchbase 30	T	120,00	2,8 %	
Dextrose	T	120,00	2,8 %	
Inulin	T	60,00	1,4 %	
Salz	T	4,00	0,1 %	
GESAMT		**4.254,00**	**100,00%**	
OVERRUN/ LITER VOLUMEN	**25%**	**5.317,50**	**125,00%**	

PISTAZIEN-MILCHEIS

ZUTATEN	TYP	MENGE IN G	ANTEIL %	HERSTELLUNG
Vollmilch 3,5 %	F	2.950,00	69,2 %	Pasteurisieren bis auf maximal 85 °C.
Pistazienmark	F	280,00	6,6 %	
Glukosesirup, getrocknet	T	80,00	1,9 %	
Zucker	T	650,00	15,2 %	
Milchbase 30	T	120,00	2,8 %	
Dextrose	T	120,00	2,8 %	
Inulin	T	60,00	1,4 %	
Salz	T	4,00	0,1 %	
GESAMT		**4.264,00**	**100,00%**	
OVERRUN/ LITER VOLUMEN	25%	5.330,00	125,00%	

PEKANNUSS-MILCHEIS

ZUTATEN	TYP	MENGE IN G	ANTEIL %	HERSTELLUNG
Vollmilch 3,5 %	F	2.950,00	69,2 %	Pasteurisieren bis auf maximal 85 °C.
Pekannussmark	F	280,00	6,6 %	
Glukosesirup, getrocknet	T	80,00	1,9 %	
Zucker	T	650,00	15,2 %	
Milchbase 30	T	120,00	2,8 %	
Dextrose	T	120,00	2,8 %	
Inulin	T	60,00	1,4 %	
Salz	T	4,00	0,1 %	
GESAMT		**4.264,00**	**100,00%**	
OVERRUN/ LITER VOLUMEN	25%	5.330,00	125,00%	

PINIENKERN-MILCHEIS

ZUTATEN	TYP	MENGE IN G	ANTEIL %	HERSTELLUNG
Vollmilch 3,5 %	F	2.950,00	69,2 %	Kurz vor der Entnahme aus dem Gefriergerät 100 g geröstete und karamellisierte Pinienkerne zugeben.
Pinienkernmark	F	280,00	6,6 %	
Glukosesirup, getrocknet	T	80,00	1,9 %	
Zucker	T	650,00	15,2 %	
Milchbase 30	T	120,00	2,8 %	
Dextrose	T	120,00	2,8 %	
Inulin	T	60,00	1,4 %	
Salz	T	4,00	0,1 %	
GESAMT		**4.264,00**	**100,00%**	
OVERRUN/ LITER VOLUMEN	**25%**	**5.330,00**	**125,00%**	

WALNUSS-MILCHEIS

ZUTATEN	TYP	MENGE IN G	ANTEIL %	HERSTELLUNG
Vollmilch 3,5 %	F	2.950,00	70,0 %	Kurz vor der Entnahme aus dem Gefriergerät 100 g geröstete und karamellisierte Walnusskerne zugeben.
Walnussmark	F	280,00	6,6 %	
Glukosesirup, getrocknet	T	80,00	1,9 %	
Zucker	T	600,00	14,2 %	
Milchbase 30	T	120,00	2,8 %	
Dextrose	T	120,00	2,8 %	
Inulin	T	60,00	1,4 %	
Salz	T	4,00	0,1 %	
GESAMT		**4.214,00**	**100,00%**	
OVERRUN/ LITER VOLUMEN	**25%**	**5.267,50**	**125,00%**	

KOKOSNUSS-MILCHEIS

ZUTATEN	TYP	MENGE IN G	ANTEIL %	HERSTELLUNG
Vollmilch 3,5 %	F	2.850,00	68,1 %	Durch ein leichtes Anrösten der Kokosflocken entwickeln sie ein kräftiges Aroma, verändern allerdings auch ihre Farbe.
Kokosmilch	F	100,00	2,4 %	
Kokosflocken	F	200,00	4,8 %	
Glukosesirup, getrocknet	T	80,00	1,9 %	
Zucker	T	650,00	15,5 %	
Milchbase 30	T	120,00	2,9 %	
Dextrose	T	120,00	2,9 %	
Inulin	T	60,00	1,4 %	
Salz	T	4,00	0,1 %	
GESAMT		**4.184,00**	**100,00%**	
OVERRUN/ LITER VOLUMEN	25%	5.230,00	125,00%	

NUGAT-MILCHEIS

ZUTATEN	TYP	MENGE IN G	ANTEIL %	HERSTELLUNG
Vollmilch 3,5 %	F	2.950,00	69,2 %	Pasteurisieren bis auf maximal 85 °C.
Nussnugat	F	280,00	6,6 %	
Glukosesirup, getrocknet	T	80,00	1,9 %	
Zucker	T	650,00	15,2 %	
Milchbase 30	T	120,00	2,8 %	
Dextrose	T	120,00	2,8 %	
Inulin	T	60,00	1,4 %	
Salz	T	4,00	0,1 %	
GESAMT		**4.264,00**	**100,00%**	
OVERRUN/ LITER VOLUMEN	**25%**	**5.330,00**	**125,00%**	

PRALINÉ-MILCHEIS

ZUTATEN	TYP	MENGE IN G	ANTEIL %	HERSTELLUNG
Vollmilch 3,5 %	F	2.950,00	68,9 %	Kurz vor der Entnahme aus dem Gefriergerät 250 g Mandelkrokantstücke und 350 g gehackte Bitterkuvertüre zugeben.
Nussnugat	F	350,00	8,2 %	
Glukosesirup, getrocknet	T	80,00	1,9 %	
Zucker	T	600,00	14,0 %	
Milchbase 30	T	120,00	2,8 %	
Dextrose	T	120,00	2,8 %	
Inulin	T	60,00	1,4 %	
Salz	T	4,00	0,1 %	
GESAMT		**4.284,00**	**100,00%**	
OVERRUN/ LITER VOLUMEN	**25%**	**5.355,00**	**125,00%**	

SAUERMILCH

Aus den typischen, jederzeit verfügbaren Rohstoffen hergestellt, finden die Sauermilchsorten besonders in der warmen Jahreszeit großen Anklang. Kaum eine andere Rohstoffgruppe weist eine solche Vielfalt und Flexibilität in der Rezeptgestaltung auf. Alle Produkte können sowohl untereinander als auch mit Früchten und Marmorierern kombiniert werden.

Steht die Grundrezeptur für Joghurteis einmal zur Verfügung, kann der Geschmack quasi 1:1 ausgetauscht werden. Bei den folgenden Rezepturen ist das Schema sofort erkennbar. Die Zitronensäure immer erst direkt vor dem Gefrieren zugeben, da die Proteine des Sauermilchprodukts sonst gerinnen könnten.

JOGHURTEIS NATUR 3,5%

ZUTATEN	TYP	MENGE IN G	ANTEIL %	HERSTELLUNG
Joghurt 3,5 %	F	2.500,00	56,1 %	Kalte Herstellung.
Vollmilch 3,5 %	F	600,00	13,5 %	
Sahne 32 %	F	200,00	4,5 %	
Zucker	T	720,00	16,2 %	
Magermilchpulver	T	130,00	2,9 %	
Milchbase 30	T	120,00	2,7 %	
Dextrose	T	110,00	2,5 %	
Inulin	T	60,00	1,3 %	
Salz	T	4,00	0,1 %	
Zitronensäure		12,00	0,3 %	
GESAMT		**4.456,00**	**100,00%**	
OVERRUN/ LITER VOLUMEN	20%	5.347,20	120,00%	

JOGHURT-ERDBEEREIS

ZUTATEN	TYP	MENGE IN G	ANTEIL %	HERSTELLUNG
Joghurt 3,5 %	F	2.500,00	56,1 %	Kalte Herstellung. Die Erdbeeren als Püree zugeben.
Vollmilch 3,5 %	F	0,00	0,0 %	
Erdbeeren	F	600,00	13,5 %	
Sahne 32 %	F	200,00	4,5 %	
Zucker	T	720,00	16,2 %	
Magermilchpulver	T	130,00	2,9 %	
Milchbase 30	T	120,00	2,7 %	
Dextrose	T	110,00	2,5 %	
Inulin	T	60,00	1,3 %	
Salz	T	4,00	0,1 %	
Zitronensäure		12,00	0,3 %	
GESAMT		**4.456,00**	**100,00%**	
OVERRUN/ LITER VOLUMEN	20%	5.347,20	120,00%	

JOGHURT-HEIDELBEEREIS

ZUTATEN	TYP	MENGE IN G	ANTEIL %	HERSTELLUNG
Joghurt 3,5 %	F	2.500,00	55,9 %	Kalte Herstellung. Die Heidelbeeren als Püree zugeben.
Vollmilch 3,5 %	F	100,00	2,2 %	
Heidelbeeren	F	500,00	11,2 %	
Sahne 32 %	F	200,00	4,5 %	
Zucker	T	720,00	16,1 %	
Magermilchpulver	T	130,00	2,9 %	
Milchbase 30	T	120,00	2,7 %	
Dextrose	T	130,00	2,9 %	
Inulin	T	60,00	1,3 %	
Salz	T	4,00	0,1 %	
Zitronensäure		12,00	0,3 %	
GESAMT		**4.476,00**	**100,00%**	
OVERRUN/ LITER VOLUMEN	**20%**	**5.371,20**	**120,00%**	

SAHNEJOGHURTEIS 10%

ZUTATEN	TYP	MENGE IN G	ANTEIL %	HERSTELLUNG
Joghurt 10 %	F	2.000,00	44,9 %	Kalte Herstellung.
Vollmilch 3,5 %	F	1.300,00	29,2 %	
Zucker	T	720,00	16,2 %	
Magermilchpulver	T	130,00	2,9 %	
Milchbase 30	T	120,00	2,7 %	
Dextrose	T	120,00	2,7 %	
Inulin	T	50,00	1,1 %	
Salz	T	4,00	0,1 %	
Zitronensäure		12,00	0,3 %	
GESAMT		**4.456,00**	**100,00%**	
OVERRUN/ LITER VOLUMEN	**20%**	**5.347,20**	**120,00%**	

SAUERRAHMEIS

ZUTATEN	TYP	MENGE IN G	ANTEIL %	HERSTELLUNG
Sauerrahm 12 %	F	1.700,00	38,2 %	Kalte Herstellung.
Vollmilch 3,5 %	F	1.600,00	35,9 %	
Zucker	T	720,00	16,2 %	
Magermilchpulver	T	130,00	2,9 %	
Milchbase 30	T	120,00	2,7 %	
Dextrose	T	110,00	2,5 %	
Inulin	T	60,00	1,3 %	
Salz	T	4,00	0,1 %	
Zitronensäure		12,00	0,3 %	
GESAMT		**4.456,00**	**100,00%**	
OVERRUN/ LITER VOLUMEN	**20%**	**5.347,20**	**120,00%**	

SCHMANDEIS

ZUTATEN	TYP	MENGE IN G	ANTEIL %	HERSTELLUNG
Schmand 24 %	F	1.500,00	33,9 %	Kalte Herstellung.
Vollmilch 3,5 %	F	1.800,00	40,7 %	
Zucker	T	720,00	16,3 %	
Magermilchpulver	T	110,00	2,5 %	
Milchbase 30	T	120,00	2,7 %	
Dextrose	T	110,00	2,5 %	
Inulin	T	50,00	1,1 %	
Salz	T	4,00	0,1 %	
Zitronensäure		12,00	0,3 %	
GESAMT		**4.426,00**	**100,00%**	
OVERRUN/ LITER VOLUMEN	**20%**	**5.311,20**	**120,00%**	

MASCARPONEEIS

ZUTATEN	TYP	MENGE IN G	ANTEIL %	HERSTELLUNG
Mascarpone 44 %	F	1.400,00	31,4 %	Kalte Herstellung.
Vollmilch 3,5 %	F	1.900,00	42,6 %	
Zucker	T	720,00	16,2 %	
Magermilchpulver	T	130,00	2,9 %	
Milchbase 30	T	120,00	2,7 %	
Dextrose	T	110,00	2,5 %	
Inulin	T	60,00	1,3 %	
Salz	T	4,00	0,1 %	
Zitronensäure		12,00	0,3 %	
GESAMT		**4.456,00**	**100,00%**	
OVERRUN/ LITER VOLUMEN	20%	5.347,20	120,00%	

BUTTERMILCHEIS

ZUTATEN	TYP	MENGE IN G	ANTEIL %	HERSTELLUNG
Buttermilch	F	2.300,00	50,9 %	Kalte Herstellung.
Vollmilch 3,5 %	F	300,00	6,6 %	
Sahne 32 %	F	700,00	15,5 %	
Zucker	T	750,00	16,6 %	
Magermilchpulver	T	150,00	3,3 %	
Milchbase 30	T	120,00	2,7 %	
Dextrose	T	110,00	2,4 %	
Inulin	T	70,00	1,6 %	
Salz	T	4,00	0,1 %	
Zitronensäure		12,00	0,3 %	
GESAMT		**4.516,00**	**100,00%**	
OVERRUN/ LITER VOLUMEN	20%	5.419,20	120,00%	

QUARKEIS MIT SESAMKARAMELL

ZUTATEN	TYP	MENGE IN G	ANTEIL %	HERSTELLUNG
Speisequark 20 % Fett i.Tr.	F	2.500,00	56,1 %	Kalte Herstellung. Bei der Entnahme mit Karamell-Sesam (siehe Seite 199) marmorieren.
Vollmilch 3,5 %	F	600,00	13,5 %	
Sahne 32 %	F	200,00	4,5 %	
Zucker	T	720,00	16,2 %	
Magermilchpulver	T	130,00	2,9 %	
Milchbase 30	T	120,00	2,7 %	
Dextrose	T	110,00	2,5 %	
Inulin	T	60,00	1,3 %	
Salz	T	4,00	0,1 %	
Zitronensäure		12,00	0,3 %	
GESAMT		**4.456,00**	**100,00%**	
OVERRUN/ LITER VOLUMEN	**20%**	**5.347,20**	**120,00%**	

KABUBA-EIS (KAROTTE, BUTTERMILCH, BANANE)

ZUTATEN	TYP	MENGE IN G	ANTEIL %	HERSTELLUNG
Karottensaft	F	500,00	12,8 %	Kalte Herstellung.
Buttermilch	F	1.200,00	30,7 %	
Vollmilch 3,5 %	F	800,00	20,5 %	
Sahne 32 %	F	300,00	7,7 %	
Banane	F	100,00	2,6 %	
Zucker	T	580,00	14,8 %	
Magermilchpulver	T	120,00	3,1 %	
Milchbase 30	T	120,00	3,1 %	
Dextrose	T	110,00	2,8 %	
Inulin	T	65,00	1,7 %	
Salz	T	4,00	0,1 %	
Zitronensäure		10,00	0,3 %	
GESAMT		**3.909,00**	**100,00%**	
OVERRUN/ LITER VOLUMEN	20%	4.690,80	120,00%	

TIRAMISU-EIS

ZUTATEN	TYP	MENGE IN G	ANTEIL %	HERSTELLUNG
Mascarpone 44 %	F	1.400,00	31,3 %	Kalte Herstellung. Während der Entnahme zwei Schichten mit Kaffee-Läuterzucker getränkte Löffelbiskuits in den Behälter einlegen. Diese werden zusätzlich mit etwas Kakaopulver abgesiebt. Bei diesem Eis existieren zahlreiche Geschmacksvariationen. Man kann dem fertigen Eis kurz vor der Entnahme aus dem Gefriergerät entweder jeweils 20 g Amaretto oder auch Cognac zugeben.
Vollmilch 3,5 %	F	1.900,00	42,5 %	
Zucker	T	720,00	16,1 %	
Löslicher Kaffee	T	10,00	0,2 %	
Magermilchpulver	T	130,00	2,9 %	
Milchbase 30	T	120,00	2,7 %	
Dextrose	T	110,00	2,5 %	
Inulin	T	60,00	1,3 %	
Salz	T	4,00	0,1 %	
Zitronensäure		12,00	0,3 %	
GESAMT		**4.466,00**	**100,00%**	
OVERRUN/ LITER VOLUMEN	20%	5.359,20	120,00%	

CHEESECAKE-EIS

ZUTATEN	TYP	MENGE IN G	ANTEIL %	HERSTELLUNG
Vollmilch 3,5 %	F	1.600,00	35,91 %	Kalte Herstellung. Zitronensaft erst kurz vor dem Gefrieren einrühren.
Frischkäse	F	1.700,00	38,15 %	
Zucker	T	700,00	15,71 %	
Dextrose	T	120,00	2,69 %	
Inulin	T	60,00	1,35 %	
Milchbase 30	T	120,00	2,69 %	
Salz	T	6,00	0,15 %	
Zitronensaft	F	150,00	3,37 %	
GESAMT		**4.456,00**	**100,00 %**	
OVERRUN/ LITER VOLUMEN	**25 %**	**5.570,00**	**125,00 %**	

KÄSE-SAHNE-EIS

ZUTATEN	TYP	MENGE IN G	ANTEIL %	HERSTELLUNG
Speisequark 20 % Fett i.Tr.	F	2.500,00	56,5 %	Kalte Herstellung.
Vollmilch 3,5 %	F	400,00	9,0 %	
Sahne 32 %	F	400,00	9,0 %	
Zucker	T	720,00	16,3 %	
Magermilchpulver	T	80,00	1,8 %	
Milchbase 30	T	120,00	2,7 %	
Dextrose	T	130,00	2,9 %	
Inulin	T	60,00	1,4 %	
Salz	T	4,00	0,1 %	
Zitronensäure		12,00	0,3 %	
GESAMT		**4.426,00**	**100,00%**	
OVERRUN/ LITER VOLUMEN	**20%**	**5.311,20**	**120,00%**	

FRUCHTEIS & SORBETS

Fruchteisrezepturen sind sehr variabel. Die Grundregel ist einfach. Das Minimum an Frucht ist der vom Gesetzgeber geforderte 20-prozentige Fruchtgehalt, bei Zitrusfrüchten muss dieser 10 Prozent betragen. Wasser und Früchte können wechselseitig getauscht werden. Bei Sorbet muss der 25-prozentige Fruchtanteil beachtet werden. Es ist ratsam, die Früchte so kurz wie eben möglich und nur so lange wie nötig zu pürieren, da die Oxidation durch Luft die Früchte braun werden lässt. Das Wasser oder die verwendete Flüssigkeit darf eine Temperatur von bis zu 30 °C haben (außer bei besonders empfindlichen Früchten wie z. B. Banane). Auf diese Weise wird gewährleistet, dass alle trockenen Zutaten vollständig aufgelöst werden.

BANANENEIS

ZUTATEN	TYP	MENGE IN G	ANTEIL %	HERSTELLUNG
Bananen, frisch	F	1.000,00	24,5 %	Kalte Herstellung. Die frischen Bananen erst schälen, wenn die restlichen Zutaten bereits vermischt sind. Die Bananen nach dem Schälen in kaltem Wasser mit etwas Zitronensäure einlegen, um vorhandene Keime zu töten und dem Oxidieren entgegenzuwirken. Durch Abschneiden beider Enden wird auch ein Teil der Gerbstoffe entfernt, die für das Braunwerden zuständig sind. Bananen anschließend rasch pürieren.
Vollmilch 3,5 %	F	2.000,00	49,0 %	
Zucker	T	710,00	17,4 %	
Trockenglukose	T	110,00	2,7 %	
Inulin	T	60,00	1,5 %	
Magermilchpulver	T	70,00	1,7 %	
Fruchtbase 30	T	120,00	2,9 %	
Zitronensäure		12,00	0,3 %	
GESAMT		**4.082,00**	**100,00%**	
OVERRUN/ LITER VOLUMEN	25%	5.102,50	125,00%	

APFELEIS

ZUTATEN	TYP	MENGE IN G	ANTEIL %	HERSTELLUNG
Apfelsaft	F	2.000,00	47,9 %	**TIPP:** Die Äpfel nur vom Kerngehäuse befreien und mit Schale pürieren.
Wasser	F	600,00	14,4 %	
Äpfel, frisch	F	300,00	7,2 %	
Zucker	T	750,00	18,0 %	
Trockenglukose	T	150,00	3,6 %	
Dextrose	T	50,00	1,2 %	
Inulin	T	190,00	4,6 %	
Fruchtbase 30	T	120,00	2,9 %	
Zitronensäure		12,00	0,3 %	
GESAMT		**4.172,00**	**100,00%**	
OVERRUN/ LITER VOLUMEN	25%	5.215,00	125,00%	

APRIKOSENEIS

ZUTATEN	TYP	MENGE IN G	ANTEIL %	HERSTELLUNG
Aprikosenpüree	F	1.600,00	38,5 %	Kalte Herstellung.
Wasser	F	1.300,00	31,3 %	
Zucker	T	820,00	19,7 %	
Trockenglukose	T	150,00	3,6 %	
Inulin	T	150,00	3,6 %	
Fruchtbase 30	T	120,00	2,9 %	
Zitronensäure		12,00	0,3 %	
GESAMT		**4.152,00**	**100,00%**	
OVERRUN/ LITER VOLUMEN	25%	5.190,00	125,00%	

CAIPIRINHA-EIS

ZUTATEN	TYP	MENGE IN G	ANTEIL %	HERSTELLUNG
Limettensaft	F	800,00	19,60 %	Kalte Herstellung. Alkohol erst kurz vor der Entnahme des fertig gefrorenen Eises zugeben.
Wasser	F	2.100,00	51,45 %	
Rohrucker	T	700,00	17,15 %	
Trockenglukose	T	150,00	3,67 %	
Inulin	T	120,00	2,94 %	
Fruchtbase 30	T	120,00	2,94 %	
Zitronensäure	F	12,00	0,30 %	
Pitu / Cachaça	F	80,00	1,96 %	
GESAMT		**4.082,00**	**100,00%**	
OVERRUN/ LITER VOLUMEN	**25%**	**5.102,50**	**125,00%**	

CASSISEIS

ZUTATEN	TYP	MENGE IN G	ANTEIL %	HERSTELLUNG
Schwarze Johannisbeeren	F	1.600,00	38,5 %	Kalte Herstellung. Nach dem Pürieren eventuell durch ein Spitzsieb passieren, da die Schalen als störend empfunden werden können.
Wasser	F	1.300,00	31,3 %	
Zucker	T	830,00	20,0 %	
Trockenglukose	T	170,00	4,1 %	
Inulin	T	120,00	2,9 %	
Fruchtbase 30	T	120,00	2,9 %	
Zitronensäure		12,00	0,3 %	
GESAMT		**4.152,00**	**100,00%**	
OVERRUN/ LITER VOLUMEN	**25%**	**5.190,00**	**125,00%**	

ERDBEEREIS

ZUTATEN	TYP	MENGE IN G	ANTEIL %	HERSTELLUNG
Erdbeeren, frisch o. TK	F	2.000,00	48,1 %	Kalte Herstellung.
Wasser	F	900,00	21,6 %	
Zucker	T	850,00	20,4 %	
Trockenglukose	T	150,00	3,6 %	
Inulin	T	130,00	3,1 %	
Fruchtbase 30	T	120,00	2,9 %	
Zitronensäure		12,00	0,3 %	
GESAMT		**4.162,00**	**100,00%**	
OVERRUN/ LITER VOLUMEN	**25%**	**5.202,50**	**125,00%**	

HIMBEEREIS

ZUTATEN	TYP	MENGE IN G	ANTEIL %	HERSTELLUNG
Himbeerpüree	F	1.800,00	43,3 %	Kalte Herstellung. **ACHTUNG:** Den Zuckergehalt im Himbeerpüree beachten!
Wasser	F	1.100,00	26,4 %	
Zucker	T	850,00	20,4 %	
Trockenglukose	T	150,00	3,6 %	
Inulin	T	130,00	3,1 %	
Fruchtbase 30	T	120,00	2,9 %	
Zitronensäure		10,00	0,2 %	
GESAMT		**4.160,00**	**100,00%**	
OVERRUN/ LITER VOLUMEN	**25%**	**5.200,00**	**125,00%**	

PASSSIONSFRUCHT/MARACUJAEIS

ZUTATEN	TYP	MENGE IN G	ANTEIL %	HERSTELLUNG
Passionsfruchtpüree	F	1.500,00	35,7 %	Kalte Herstellung. **ACHTUNG:** Den Zuckeranteil im Fruchtpüree beachten und eventuell austauschen.
Wasser	F	1.400,00	33,3 %	
Zucker	T	900,00	21,4 %	
Trockenglukose	T	150,00	3,6 %	
Inulin	T	130,00	3,1 %	
Fruchtbase 30	T	120,00	2,9 %	
Zitronensäure		6,00	0,1 %	
GESAMT		**4.206,00**	**100,00%**	
OVERRUN/ LITER VOLUMEN	25%	5.257,50	125,00%	

QUITTENEIS

ZUTATEN	TYP	MENGE IN G	ANTEIL %	HERSTELLUNG
Quittensaft	F	2.200,00	52,8 %	Kalte Herstellung. Quittensaft kann entweder selbst hergestellt oder während der Saison regional bezogen werden.
Wasser	F	700,00	16,8 %	
Zucker	T	850,00	20,4 %	
Trockenglukose	T	150,00	3,6 %	
Inulin	T	130,00	3,1 %	
Fruchtbase 30	T	120,00	2,9 %	
Zitronensäure		14,00	0,3 %	
GESAMT		**4.164,00**	**100,00%**	
OVERRUN/ LITER VOLUMEN	25%	5.205,00	125,00%	

SANDDORNEIS

ZUTATEN	TYP	MENGE IN G	ANTEIL %	HERSTELLUNG
Sanddornsaft	F	800,00	19,30 %	Kalte Herstellung. Nach Belieben 2 g geriebene Muskatnuss zugeben.
Wasser	F	2.100,00	50,65 %	
Zucker	T	850,00	20,50 %	
Trockenglukose	T	150,00	3,62 %	
Inulin	T	120,00	2,89 %	
Fruchtbase 30	T	120,00	2,89 %	
Zitronensäure	F	6,00	0,15 %	
GESAMT		**4.146,00**	**100,00 %**	
OVERRUN/ LITER VOLUMEN	**25%**	**5.182,50**	**125,00 %**	

WASSERMELONENEIS

ZUTATEN	TYP	MENGE IN G	ANTEIL %	HERSTELLUNG
Wassermelonenfleisch	F	2.900,00	69,3 %	Kalte Herstellung. Die Kerne der vollreifen Wassermelone sollten nach dem Pürieren durch ein Spitzsieb abgefiltert werden. Ein Abschmecken mit Zitronensäure oder -saft ist enorm wichtig, um den Säuregehalt bei Bedarf zu erhöhen.
Zucker	T	850,00	20,3 %	
Trockenglukose	T	150,00	3,6 %	
Inulin	T	150,00	3,6 %	
Fruchtbase 30	T	120,00	2,9 %	
Zitronensäure		16,00	0,4 %	
GESAMT		**4.186,00**	**100,00%**	
OVERRUN/ LITER VOLUMEN	**25%**	**5.232,50**	**125,00%**	

MANGOEIS

ZUTATEN	TYP	MENGE IN G	ANTEIL %	HERSTELLUNG
Mangopüree	F	1.000,00	24,8 %	Kalte Herstellung.
Wasser	F	1.900,00	47,1 %	
Zucker	T	850,00	21,1 %	
Trockenglukose	T	150,00	3,7 %	
Fruchtbase 30	T	120,00	3,0 %	
Zitronensäure		12,00	0,3 %	
GESAMT		**4.032,00**	**100,00%**	
OVERRUN/ LITER VOLUMEN	**25%**	**5.040,00**	**125,00%**	

ORANGENEIS

ZUTATEN	TYP	MENGE IN G	ANTEIL %	HERSTELLUNG
Orangensaft, frisch	F	2.200,00	52,9 %	Kalte Herstellung. Den Abrieb einer unbehandelten Orange in den Eismix geben, dies hebt den Fruchtgeschmack. Die restliche Orange schälen und zerkleinert zum Eismix geben.
Wasser	F	700,00	16,8 %	
Orangenfleisch	F	1,00	0,0 %	
Zucker	T	850,00	20,4 %	
Trockenglukose	T	150,00	3,6 %	
Inulin	T	130,00	3,1 %	
Fruchtbase 30	T	120,00	2,9 %	
Zitronensäure		8,00	0,2 %	
GESAMT		**4.159,00**	**100,00%**	
OVERRUN/ LITER VOLUMEN	**25%**	**5.198,75**	**125,00%**	

WEINTRAUBENEIS HELL UND ROT

ZUTATEN	TYP	MENGE IN G	ANTEIL %	HERSTELLUNG
Traubensaft	F	2.200,00	54,8 %	Kalte Herstellung. Beim Traubeneis kommt es auf die Qualität des Traubensafts an. Hilfreich zur Bestimmung des Zuckergehalts ist eine Messung mithilfe eines Refraktometers. Ist das Eis zu süß und zu weich, liegt es wahrscheinlich am zu hohen Zuckergehalt des Traubensaftes.
Wasser	F	700,00	17,4 %	
Zucker	T	700,00	17,4 %	
Trockenglukose	T	150,00	3,7 %	
Inulin	T	130,00	3,2 %	
Fruchtbase 30	T	120,00	3,0 %	
Zitronensäure		12,00	0,3 %	
GESAMT		**4.012,00**	**100,00%**	
OVERRUN/ LITER VOLUMEN	25%	5.015,00	125,00%	

ZITRONENEIS

ZUTATEN	TYP	MENGE IN G	ANTEIL %
Zitronensaft	F	700,00	16,8 %
Wasser	F	2.200,00	52,9 %
Zucker	T	900,00	21,6 %
Trockenglukose	T	150,00	3,6 %
Magermilchpulver	T	80,00	1,9 %
Fruchtbase 30	T	120,00	2,9 %
Zitronensäure		12,00	0,3 %

HERSTELLUNG: Kalte Herstellung. Zitronensaft ist in zahlreichen Varianten auf dem Markt erhältlich: frisch, tiefgefroren, pasteurisiert usw. Nahezu alle werden aus Saftkonzentrat hergestellt oder schmecken aufgrund ihrer Herstellung bitter. Für mich kommen daher nur frisch gepresste Zitronen in Frage. Achten Sie beim Pressen jedoch darauf, dass keine weiße Innenhaut in den Saft gelangt, denn hier sitzen die Bitterstoffe. Der Abrieb von 1 bis 2 unbehandelten Zitronen hebt das Aroma.

GESAMT		**4.162,00**	**100,00%**
OVERRUN/ LITER VOLUMEN	25%	5.202,50	125,00%

KIRSCHEIS

ZUTATEN	TYP	MENGE IN G	ANTEIL %	HERSTELLUNG
Sauerkirschen, TK o. Püree	F	1.900,00	46,2 %	Kalte Herstellung. **ACHTUNG**: Den Zuckergehalt im Kirschpüree beachten!
Wasser	F	1.000,00	24,3 %	
Zucker	T	800,00	19,5 %	
Trockenglukose	T	150,00	3,6 %	
Inulin	T	130,00	3,2 %	
Fruchtbase 30	T	120,00	2,9 %	
Zitronensäure		10,00	0,2 %	
GESAMT		**4.110,00**	**100,00%**	
OVERRUN/ LITER VOLUMEN	**25%**	**5.137,50**	**125,00%**	

LIMETTENEIS

ZUTATEN	TYP	MENGE IN G	ANTEIL %	HERSTELLUNG
Limettensaft	F	800,00	19,2 %	Kalte Herstellung. Kurz vor der Entnahme aus dem Gefriergerät den Abrieb von 1 unbehandelten Limette untermischen.
Wasser	F	2.100,00	50,5 %	
Zucker	T	900,00	21,6 %	
Trockenglukose	T	150,00	3,6 %	
Magermilchpulver	T	80,00	1,9 %	
Fruchtbase 30	T	120,00	2,9 %	
Zitronensäure		12,00	0,3 %	
GESAMT		**4.162,00**	**100,00%**	
OVERRUN/ LITER VOLUMEN	**25%**	**5.202,50**	**125,00%**	

GEMÜSE

Gemüseeis kann ebenso verarbeitet und angeboten werden wie Fruchteis. Die Rezepturen sind sowohl in der Zusammensetzung als auch in der Herstellung identisch.

Wichtig ist nur die Erkenntnis, dass auch bei Eis aus Gemüse eine ordentliche Portion Zucker im Spiel ist, um eine optimale Konsistenz zu erzeugen.

APFEL-SELLERIE-EIS

ZUTATEN	TYP	MENGE IN G	ANTEIL %	HERSTELLUNG
Apfelsaft	F	2.000,00	50,0 %	Kalte Herstellung.
Äpfel, frisch	F	300,00	7,5 %	
Stangensellerie	F	500,00	12,5 %	
Zucker	T	800,00	20,0 %	
Trockenglukose	T	150,00	3,7 %	
Inulin	T	60,00	1,5 %	
Magermilchpulver	T	60,00	1,5 %	
Fruchtbase 30	T	120,00	3,0 %	
Zitronensäure		12,00	0,3 %	
GESAMT		**4.002,00**	**100,00%**	
OVERRUN/ LITER VOLUMEN	**25%**	**5.002,50**	**125,00%**	

GURKENEIS

ZUTATEN	TYP	MENGE IN G	ANTEIL %	HERSTELLUNG
Vollmilch 3,5 %	F	2.400,00	59,8 %	Kalte Herstellung. Die Gurke waschen, zur Hälfte schälen und halb ungeschält in den Eismix pürieren. Dadurch bekommt das Eis eine leichte Grünfärbung. Die Zitronensäure erst während des Gefriervorgangs zusetzen.
Schlagsahne	F	200,00	5,0 %	
Salatgurke	F	400,00	9,8 %	
Zucker	T	600,00	15,0 %	
Dextrose	T	110,00	2,8 %	
Inulin	T	60,00	1,5 %	
Magermilchpulver	T	110,00	2,8 %	
Milchbase 30	T	120,00	3,0 %	
Zitronensäure		12,00	0,3 %	
GESAMT		**4.012,00**	**100,00%**	
OVERRUN/ LITER VOLUMEN	25%	5.015,00	125,00%	

KÜRBISEIS

ZUTATEN	TYP	MENGE IN G	ANTEIL %	HERSTELLUNG
Hokkaido-Kürbis	F	2.500,00	60,2 %	Der Kürbis sollte trotz der essbaren Schale geschält, in kleine Stücke geschnitten und in Wasser blanchiert werden. Ein wenig Zucker und Zitronensäure im Wasser sorgen dafür, dass der Kürbis keine Farbe verliert. Nach dem Abgießen des Wassers kann wie bei Fruchteis verfahren werden. Kurz vor der Entnahme aus dem Gefriergerät karamellisierte Kürbiskerne zugeben.
Wasser	F	400,00	9,6 %	
Zucker	T	900,00	21,7 %	
Trockenglukose	T	100,00	2,4 %	
Inulin	T	120,00	2,9 %	
Fruchtbase 30	T	120,00	2,9 %	
Zitronensäure		12,00	0,3 %	
GESAMT		**4.152,00**	**100,00%**	
OVERRUN/ LITER VOLUMEN	25%	5.190,00	125,00%	

RÜBLI-EIS

ZUTATEN	TYP	MENGE IN G	ANTEIL %	HERSTELLUNG
Vollmilch 3,5 %	F	1.750,00	42,4 %	Kalte Herstellung. Die Möhren fein raspeln und dem Eismix zugeben. Bei der Verwendung von Zitronensäure diese erst während des Gefriervorgangs zusetzen.
Möhrensaft	F	950,00	23,0 %	
Möhren, frisch	F	200,00	4,8 %	
Zucker	T	680,00	16,5 %	
Dextrose	T	125,00	3,0 %	
Haselnüsse, fein gerieben	T	200,00	4,8 %	
Magermilchpulver	T	100,00	2,4 %	
Milchbase 30	T	120,00	2,9 %	
GESAMT		**4.125,00**	**100,00%**	
OVERRUN/ LITER VOLUMEN	**25%**	**5.156,25**	**125,00%**	

TOMATENEIS

ZUTATEN	TYP	MENGE IN G	ANTEIL %	HERSTELLUNG
Vollmilch 3,5 %	F	1.750,00	43,8 %	Kalte Herstellung. Eine leicht scharfe Note durch Pfeffer kommt bei Tomateneis sehr gut an. Bei der Verwendung von Zitronensäure diese erst während des Gefriervorgangs zusetzen.
Tomatensaft	F	1.000,00	25,0 %	
Schlagsahne 32 %	F	250,00	6,3 %	
Zucker	T	600,00	15,0 %	
Dextrose	T	110,00	2,8 %	
Inulin	T	60,00	1,5 %	
Magermilchpulver	T	110,00	2,8 %	
Milchbase 30	T	120,00	3,0 %	
GESAMT		**4.000,00**	**100,00%**	
OVERRUN/ LITER VOLUMEN	**25%**	**5.000,00**	**125,00%**	

ROTE-BETE-EIS

ZUTATEN	TYP	MENGE IN G	ANTEIL %	HERSTELLUNG
Rote Bete, gekocht	F	1.200,00	28,8 %	Kalte Herstellung. Nach Belieben etwas gemahlenen Ingwer zugeben.
Wasser	F	1.700,00	40,8 %	
Zucker	T	850,00	20,4 %	
Trockenglukose	T	150,00	3,6 %	
Inulin	T	60,00	1,4 %	
Magermilchpulver	T	70,00	1,7 %	
Fruchtbase 30	T	120,00	2,9 %	
Zitronensäure		12,00	0,3 %	
GESAMT		**4.162,00**	**100,00%**	
OVERRUN/ LITER VOLUMEN	**25%**	**5.202,50**	**125,00%**	

GEWÜRZE, KRÄUTER & HOCHWERTIGE ÖLE

Diese Zutaten sind nicht nur der Gastronomie vorbehalten. Der Geschmack von hochwertigen Ölen und Kräutern passt von jeher in die Eisvitrine. Man sollte jedoch aufpassen, dass man durch zu viele Sorten in der Eisvitrine nicht über das Ziel hinausschießt. Je nach Angebot sollten in einem reinen Eiscafé nicht mehr als drei dieser Sorten gleichzeitig angeboten werden. Sorten wie Arganöleis eignen sich hervorragend für Gespräche und Diskussionen mit Kunden. Verarbeitet werden die vorgestellten Sorten in der Regel warm.

ARGANÖLEIS

ZUTATEN	TYP	MENGE IN G	ANTEIL %	HERSTELLUNG
Vollmilch 3,5 %	F	2.750,00	67,7 %	Pasteurisieren bis auf 85 °C.
Schlagsahne 32 %	F	250,00	6,2 %	
Arganöl	F	40,00	1,0 %	
Zucker	T	590,00	14,5 %	
Dextrose	T	110,00	2,7 %	
Inulin	T	60,00	1,5 %	
Magermilchpulver	T	140,00	3,4 %	
Milchbase 30	T	120,00	3,0 %	
Salz	T	4,00	0,1 %	
GESAMT		**4.064,00**	**100,00%**	
OVERRUN/ LITER VOLUMEN	25%	5.080,00	125,00%	

LEMONGRAS AUF OLIVENÖL
2,80
ZITRONE AUF OLIVENÖL
2,50
KNOBLAUCH AUF OLIVENÖL
2,50

CRANBERRY-BALSAMICO-EIS

ZUTATEN	TYP	MENGE IN G	ANTEIL %	HERSTELLUNG
Vollmilch 3,5 %	F	2.750,00	67,5 %	Pasteurisieren bis auf 85 °C. Es ist besonders zu empfehlen, getrocknete Cranberrys unterzuheben.
Schlagsahne 32 %	F	250,00	6,1 %	
Cranberry-Balsamico	F	50,00	1,2 %	
Zucker	T	600,00	14,7 %	
Dextrose	T	100,00	2,5 %	
Inulin	T	70,00	1,7 %	
Magermilchpulver	T	130,00	3,2 %	
Milchbase 30	T	120,00	2,9 %	
Salz	T	4,00	0,1 %	
GESAMT		**4.074,00**	**100,00%**	
OVERRUN/ LITER VOLUMEN	**25%**	**5.092,50**	**125,00%**	

FEIGEN-DATTEL-BALSAMICO-EIS

ZUTATEN	TYP	MENGE IN G	ANTEIL %	HERSTELLUNG
Vollmilch 3,5 %	F	2.750,00	67,7 %	Pasteurisieren bis auf 85 °C.
Schlagsahne 32 %	F	250,00	6,2 %	
Feigen-Dattel-Balsamico	F	40,00	1,0 %	
Zucker	T	600,00	14,8 %	
Dextrose	T	100,00	2,5 %	
Inulin	T	70,00	1,7 %	
Magermilchpulver	T	130,00	3,2 %	
Milchbase 30	T	120,00	3,0 %	
Salz	T	4,00	0,1 %	
GESAMT		**4.064,00**	**100,00%**	
OVERRUN/ LITER VOLUMEN	**25%**	**5.080,00**	**125,00%**	

BASILIKUMEIS

ZUTATEN	TYP	MENGE IN G	ANTEIL %	HERSTELLUNG
Vollmilch 3,5 %	F	2.700,00	66,6 %	Pasteurisieren bis auf 85 °C. Die frischen und gewaschenen Basilikumblätter fein zerkleinern und etwa 10 Minuten in 500 g warmer Milch (40 °C) ziehen lassen.
Schlagsahne 32 %	F	300,00	7,4 %	
Basilikum, frisch	F	30,00	0,7 %	
Zucker	T	600,00	14,8 %	
Dextrose	T	100,00	2,5 %	
Inulin	T	70,00	1,7 %	
Magermilchpulver	T	130,00	3,2 %	
Milchbase 30	T	120,00	3,0 %	
Salz	T	4,00	0,1 %	
GESAMT		**4.054,00**	**100,00%**	
OVERRUN/ LITER VOLUMEN	25%	5.067,50	125,00%	

BASILIKUM-SAFRAN-EIS

ZUTATEN	TYP	MENGE IN G	ANTEIL %	HERSTELLUNG
Vollmilch 3,5 %	F	2.700,00	66,6 %	Pasteurisieren bis auf 85 °C.
Schlagsahne 32 %	F	300,00	7,4 %	
Basilikum, frisch	F	25,00	0,6 %	
Safran	F	4,00	0,1 %	
Zucker	T	600,00	14,8 %	
Dextrose	T	100,00	2,5 %	
Inulin	T	70,00	1,7 %	
Magermilchpulver	T	130,00	3,2 %	
Milchbase 30	T	120,00	3,0 %	
Salz	T	4,00	0,1 %	
GESAMT		**4.053,00**	**100,00%**	
OVERRUN/ LITER VOLUMEN	**25%**	**5.066,25**	**125,00%**	

HONIG-ANIS-EIS

ZUTATEN	TYP	MENGE IN G	ANTEIL %	HERSTELLUNG
Vollmilch 3,5 %	F	2.800,00	68,6 %	Pasteurisieren bis auf 85 °C.
Schlagsahne 32 %	F	200,00	4,9 %	
Tannenhonig	F	150,00	3,7 %	
Anis, gemahlen	T	10,00	0,2 %	
Zucker	T	500,00	12,2 %	
Dextrose	T	100,00	2,4 %	
Inulin	T	70,00	1,7 %	
Magermilchpulver	T	130,00	3,2 %	
Milchbase 30	T	120,00	2,9 %	
Salz	T	4,00	0,1 %	
GESAMT		**4.084,00**	**100,00%**	
OVERRUN/ LITER VOLUMEN	**25%**	**5.105,00**	**125,00%**	

KÜRBISKERNÖL-EIS

ZUTATEN	TYP	MENGE IN G	ANTEIL %	HERSTELLUNG
Vollmilch 3,5 %	F	2.700,00	66,4 %	Pasteurisieren bis auf 85 °C. Es ist besonders zu empfehlen, karamellisierte Kürbiskerne unterzuarbeiten.
Schlagsahne 32 %	F	300,00	7,4 %	
Kürbiskernöl	F	40,00	1,0 %	
Zucker	T	600,00	14,8 %	
Dextrose	T	100,00	2,5 %	
Inulin	T	70,00	1,7 %	
Magermilchpulver	T	130,00	3,2 %	
Milchbase 30	T	120,00	3,0 %	
Salz	T	4,00	0,1 %	
GESAMT		**4.064,00**	**100,00%**	
OVERRUN/ LITER VOLUMEN	25%	5.080,00	125,00%	

MINZEIS

ZUTATEN	TYP	MENGE IN G	ANTEIL %	HERSTELLUNG
Vollmilch 3,5 %	F	2.700,00	66,6 %	Pasteurisieren bis auf 85 °C. Die frischen und gewaschenen Minzblätter fein zerkleinern und etwa 10 Minuten in 500 g warmer Milch (40 °C) ziehen lassen. Zur Verstärkung des Geschmacks können auch einige Tropfen Minzöl benutzt werden.
Schlagsahne 32 %	F	300,00	7,4 %	
Minze, frisch	F	30,00	0,7 %	
Zucker	T	600,00	14,8 %	
Dextrose	T	100,00	2,5 %	
Inulin	T	70,00	1,7 %	
Magermilchpulver	T	130,00	3,2 %	
Milchbase 30	T	120,00	3,0 %	
Salz	T	4,00	0,1 %	
GESAMT		**4.054,00**	**100,00%**	
OVERRUN/ LITER VOLUMEN	**25%**	**5.067,50**	**125,00%**	

TONKABOHNENEIS

ZUTATEN	TYP	MENGE IN G	ANTEIL %	HERSTELLUNG
Vollmilch 3,5 %	F	2.700,00	67,0 %	Pasteurisieren bis auf 85 °C. Die Tonkabohne hat ein sehr feines Eigenaroma. Bekannt ist die Bohne aus alten Rezepturen der Konditorei und Küche. Eine Überdosierung kann leicht zu ungewollter Schärfe führen.
Schlagsahne 32 %	F	300,00	7,4 %	
Tonkabohnen	F	6,00	0,1 %	
Zucker	T	600,00	14,9 %	
Dextrose	T	100,00	2,5 %	
Inulin	T	70,00	1,7 %	
Magermilchpulver	T	130,00	3,2 %	
Milchbase 30	T	120,00	3,0 %	
Salz	T	4,00	0,1 %	
GESAMT		**4.030,00**	**100,00%**	
OVERRUN/ LITER VOLUMEN	**25%**	**5.037,50**	**125,00%**	

ZIMTEIS

ZUTATEN	TYP	MENGE IN G	ANTEIL %	HERSTELLUNG
Vollmilch 3,5 %	F	2.500,00	61,5 %	Pasteurisieren bis auf 85 °C.
Schlagsahne 32 %	F	400,00	9,8 %	
Kondensmilch	F	100,00	2,5 %	
Zucker	T	600,00	14,8 %	
Dextrose	T	120,00	3,0 %	
Inulin	T	70,00	1,7 %	
Magermilchpulver	T	130,00	3,2 %	
Milchbase 30	T	120,00	3,0 %	
Zimt, gemahlen	T	20,00	0,5 %	
Salz	T	4,00	0,1 %	
GESAMT		**4.064,00**	**100,00%**	
OVERRUN/ LITER VOLUMEN	25%	5.080,00	125,00%	

EIS MIT ALKOHOL

Schwieriger geht es kaum. Alkohol ist ein extrem gefrierhemmender Wirkstoff und seine Verarbeitung mit großen Schwierigkeiten verbunden. Alkohol macht das Eis dreimal weicher als Zucker und somit nicht mehr gut portionierbar. Aus diesem Grund sind der Verwendung von Alkohol bei der Eisbereitung physikalische Grenzen gesetzt, die teilweise nur mit Aromeneinsatz erweiterbar sind.

Einige der typischen Getränke wie Bier, Sekt oder Champagner „leben" zudem von der Kohlensäure. Während der Eisproduktion wird diese aber durch das ständige Rühren aus der Masse herausgeschlagen und somit zerstört. Übrig bleibt manchmal nur ein sehr fader Geschmack. Bei Schwarz- oder Malzbier zum Beispiel ist die Kohlensäure jedoch nicht so wichtig.

BITTE UNBEDINGT BEACHTEN: Die Verarbeitung von Alkohol muss kenntlich gemacht werden, und der Verkauf an Kinder und Jugendliche ist nicht gestattet.

BIER/SCHWARZBIER-EIS

ZUTATEN	TYP	MENGE IN G	ANTEIL %	HERSTELLUNG
Wasser	F	360,00	8,9 %	Kalte Herstellung.
Bier/Schwarzbier	F	2.600,00	64,1 %	
Zucker	T	550,00	13,6 %	
Trockenglukose	T	185,00	4,6 %	
Inulin	T	65,00	1,6 %	
Magermilchpulver	T	175,00	4,3 %	
Fruchtbase 30	T	120,00	3,0 %	
Zitronensäure	T	2,00	0,0 %	
GESAMT		**4.057,00**	**100,00%**	
OVERRUN/ LITER VOLUMEN	20%	4.868,40	120,00%	

EIERLIKÖR-EIS

ZUTATEN	TYP	MENGE IN G	ANTEIL %	HERSTELLUNG
Vollmilch 3,5 %	F	2.800,00	67,5 %	Warme Herstellung. (Pasteurisierung bis auf 85 °C) Den Eierlikör erst kurz vor der Entnahme zugeben. Besonders zu empfehlen sind Trüffelvariegato (siehe Seite 199) oder Schokoladenspäne in diesem Eis.
Schlagsahne 32 %	F	200,00	4,8 %	
Zucker	T	480,00	11,6 %	
Eierlikör		350,00	8,4 %	
Inulin	T	70,00	1,7 %	
Magermilchpulver	T	130,00	3,1 %	
Milchbase 30	T	120,00	2,9 %	
GESAMT		**4.150,00**	**100,00%**	
OVERRUN/ LITER VOLUMEN	**25%**	**5.187,50**	**125,00%**	

MALAGA-MILCHEIS

ZUTATEN	TYP	MENGE IN G	ANTEIL %
Vollmilch 3,5 %	F	2.500,00	62,3 %
Schlagsahne 32 %	F	450,00	11,2 %
Vanillepaste (Seite 92-93)	F	40,00	1,0 %
Zucker	T	500,00	12,5 %
Malagasirup		100,00	2,5 %
Dextrose	T	100,00	2,5 %
Inulin	T	70,00	1,7 %
Magermilchpulver	T	130,00	3,2 %
Milchbase 30	T	120,00	3,0 %
GESAMT		**4.010,00**	**100,00%**
OVERRUN/ LITER VOLUMEN	**25%**	**5.012,50**	**125,00%**

HERSTELLUNG: Warme Herstellung (Pasteurisierung bis auf 85 °C). Die Herstellung von Malagaeis erfordert Vorbereitung: Aus 500 g Zucker und 500 g Wasser durch Aufkochen 1 Liter Läuterzucker herstellen. 300 g Sultaninen mit warmem Wasser mehrfach gründlich waschen und zugeben. Den Sultaninen 400 g Malagawein oder Marsala, 200 g Rum (40 %) zugeben und den Behälter luftdicht verschließen. Diese Sultaninenmischung sollte mindestens 4 Tage vor Gebrauch hergestellt werden. Die Haltbarkeit beträgt problemlos etwa vier Wochen bei 4 °C. Vor der Eisentnahme etwa 120 g Sultaninen absieben. Den Malagasirup abmessen und dem Eis zugeben, die Sultaninen erst während der Eisentnahme unterheben.

ENERGYEIS MIT WODKA

ZUTATEN	TYP	MENGE IN G	ANTEIL %	HERSTELLUNG
Energygetränk	F	2.000,00	48,4 %	Kalte Herstellung. Kurz vor der Entnahme aus dem Gefriergerät 60 g Wodka zugeben.
Wasser	F	900,00	21,8 %	
Zucker	T	750,00	18,2 %	
Trockenglukose	T	140,00	3,4 %	
Inulin	T	130,00	3,1 %	
Magermilchpulver	T	80,00	1,9 %	
Fruchtbase 30	T	120,00	2,9 %	
Zitronensäure	T	10,00	0,2 %	
GESAMT		**4.130,00**	**100,00%**	
OVERRUN/ LITER VOLUMEN	20%	4.956,00	120,00%	

PIÑA-COLADA-EIS

ZUTATEN	TYP	MENGE IN G	ANTEIL %	HERSTELLUNG
Vollmilch 3,5 %	F	2.230,00	56,7 %	Warme Herstellung (Pasteurisierung bis auf 85 °C). Kurz vor der Entnahme aus dem Gefriergerät 50 g weißen Rum zugeben.
Schlagsahne 32 %	F	200,00	5,1 %	
Kokosmilch, ungezuckert	F	300,00	7,6 %	
Ananasstücke	F	200,00	5,1 %	
Zucker	T	600,00	15,3 %	
Dextrose	T	100,00	2,5 %	
Inulin	T	70,00	1,8 %	
Magermilchpulver	T	110,00	2,8 %	
Milchbase 30	T	120,00	3,1 %	
GESAMT		**3.930,00**	**100,00%**	
OVERRUN/ LITER VOLUMEN	25%	4.912,50	125,00%	

PROSECCO-SORBET

ZUTATEN	TYP	MENGE IN G	ANTEIL %	HERSTELLUNG
Prosecco 12,5 %	F	1.250,00	33,8 %	Kalte Herstellung. Den Eismix zunächst ohne den Prosecco herstellen und gefrieren. Nach etwa 2 Minuten den Prosecco in den Eismix geben und fertig gefrieren.
Wasser	F	1.500,00	40,5 %	
Trockenglukose	T	130,00	3,5 %	
Zucker	T	550,00	14,9 %	
Zitronensaft	T	80,00	2,2 %	
Inulin	T	90,00	2,4 %	
Fruchtbase 30	T	100,00	2,7 %	
GESAMT		**3.700,00**	**100,00%**	
OVERRUN/ LITER VOLUMEN	**20%**	**4.440,00**	**120,00%**	

GLÜHWEIN-EIS

ZUTATEN	TYP	MENGE IN G	ANTEIL %	HERSTELLUNG
Vollmilch 3,5 %	F	880,00	21,7 %	Kalte Herstellung. Die Hälfte des Glühweins beim Anrühren des Eismixes zugeben, den Rest kurz vor der Entnahme aus dem Gefriergerät.
Schlagsahne 32 %	F	300,00	7,4 %	
Glühwein	F	1.800,00	44,4 %	
Orangensaft, frisch	F	150,00	3,7 %	
Zitronensaft, frisch	F	100,00	2,5 %	
Zucker	T	500,00	12,3 %	
Trockenglukose	T	100,00	2,5 %	
Inulin	T	50,00	1,2 %	
Magermilchpulver	T	50,00	1,2 %	
Zimt, gemahlen	T	2,00	0,0 %	
Fruchtbase 30	T	120,00	3,0 %	
GESAMT		**4.052,00**	**100,00%**	
OVERRUN/ LITER VOLUMEN	**20%**	**4.862,40**	**120,00%**	

RUM-KROKANT-EIS

ZUTATEN	TYP	MENGE IN G	ANTEIL %	HERSTELLUNG
Vollmilch 3,5 %	F	2.900,00	70,3 %	Warme Herstellung. (Pasteurisierung bis auf 85 °C). Kurz vor der Entnahme aus dem Gefriergerät 60 g Rum (45 %) und 200 g Mandelkrokant zugeben.
Nussnugat, dunkel	F	100,00	2,4 %	
Haselnussmark	F	140,00	3,4 %	
Glukosesirup, getrocknet	T	80,00	1,9 %	
Zucker	T	600,00	14,5 %	
Milchbase 30	T	120,00	2,9 %	
Dextrose	T	120,00	2,9 %	
Inulin	T	60,00	1,5 %	
Salz	T	4,00	0,1 %	
GESAMT		**4.124,00**	**100,00%**	
OVERRUN/ LITER VOLUMEN	25%	5.155,00	125,00%	

SCHWARZWÄLDER-KIRSCH-EIS

ZUTATEN	TYP	MENGE IN G	ANTEIL %
Vollmilch 3,5 %	F	2.600,00	64,6 %
Schlagsahne 32 %	F	400,00	9,9 %
Magermilchpulver	T	130,00	3,2 %
Zucker	T	600,00	14,9 %
Milchbase 30	T	120,00	3,0 %
Dextrose	T	110,00	2,7 %
Inulin	T	60,00	1,5 %
Salz	T	4,00	0,1 %

HERSTELLUNG: Warme Herstellung (Pasteurisierung bis auf 85 °C). Die Besonderheit dieses Eises liegt nicht in der Rezeptur, sondern beim Befüllen der Eisschale. Ein Drittel der Eismasse sollte den Boden der tiefgekühlten Edelstahlschale bedecken. Darauf einen dunklen Biskuitboden legen, der mit Kirschwasser-Läuterzucker getränkt wurde. Auf dem Biskuitboden großzügig Kirsch-Variegato verteilen. Wiederholen, bis die Eisschale gefüllt ist. Zum Abschluss mit feinen Schokoladenspänen und Kirsch-Variegato dekorieren.

GESAMT		**4.024,00**	**100,00%**
OVERRUN/ LITER VOLUMEN	**25%**	**5.030,00**	**125,00%**

KIRSCHWASSER-LÄUTERZUCKER: 500 g Wasser mit 500 g Zucker zum Kochen bringen. Mit Original Schwarzwälder Kirschwasser gut abschmecken.

KLASSIKER & MODERNE VARIANTEN

In diesem Kapitel sind einige echte Klassiker mit modernen Varianten vereint.

BANANEN-SCHOKOLADEN-EIS

ZUTATEN	TYP	MENGE IN G	ANTEIL %	HERSTELLUNG
Bananen, frisch	F	1.000,00	24,5 %	Kalte Herstellung. Bei der Entnahme aus dem Gefriergerät mit Schokoladen-Topping (Rezept Seite 211) marmorieren.
Vollmilch 3,5 %	F	2.000,00	49,0 %	
Zucker	T	710,00	17,4 %	
Trockenglukose	T	110,00	2,7 %	
Inulin	T	60,00	1,5 %	
Magermilchpulver	T	70,00	1,7 %	
Fruchtbase 30	T	120,00	2,9 %	
Zitronensäure		12,00	0,3 %	
GESAMT		**4.082,00**	**100,00%**	
OVERRUN/ LITER VOLUMEN	25%	5.102,50	125,00%	

BROWNIE-EIS

ZUTATEN	TYP	MENGE IN G	ANTEIL %	HERSTELLUNG
Vollmilch 3,5 %	F	2.700,00	61,2 %	Bei Entnahme aus dem Gefriergerät 100 g Walnussbruch und 200 g Browniewürfel unterarbeiten. Mit Schokoladen-Topping (siehe Seite 211) dekorieren.
Schlagsahne 32 %	F	300,00	6,8 %	
Kakaopulver 22-24 %	T	250,00	5,7 %	
Zucker	T	740,00	16,8 %	
Dextrose	T	100,00	2,3 %	
Inulin	T	70,00	1,6 %	
Magermilchpulver	T	130,00	2,9 %	
Milchbase 30	T	120,00	2,7 %	
Salz	T	4,00	0,1 %	
GESAMT		**4.414,00**	**100,00%**	
OVERRUN/ LITER VOLUMEN	**25%**	**5.517,50**	**125,00%**	

CAFÉ-CAPPUCCINO-EIS

ZUTATEN	TYP	MENGE IN G	ANTEIL %	HERSTELLUNG
Vollmilch 3,5 %	F	2.600,00	64,3 %	Pasteurisieren bis auf maximal 85 °C.
Schlagsahne 32 %	F	400,00	9,9 %	
löslicher Kaffee	F	20,00	0,5 %	
Zucker	T	600,00	14,8 %	
Dextrose	T	100,00	2,5 %	
Inulin	T	70,00	1,7 %	
Magermilchpulver	T	130,00	3,2 %	
Milchbase 30	T	120,00	3,0 %	
Salz	T	4,00	0,1 %	
GESAMT		**4.044,00**	**100,00%**	
OVERRUN/ LITER VOLUMEN	25%	5.055,00	125,00%	

HAFERFLOCKEN-EIS

ZUTATEN	TYP	MENGE IN G	ANTEIL %	HERSTELLUNG
Vollmilch 3,5 %	F	2.800,00	69,6 %	Kurz vor der Entnahme aus dem Gefriergerät 500 g gekochte Haferflocken zugeben. Bei der Entnahme mit Honig marmorieren.
Schlagsahne 32 %	F	200,00	5,0 %	
Zucker	T	600,00	14,9 %	
Dextrose	T	100,00	2,5 %	
Inulin	T	70,00	1,7 %	
Magermilchpulver	T	130,00	3,2 %	
Milchbase 30	T	120,00	3,0 %	
Salz	T	4,00	0,1 %	
GESAMT		**4.024,00**	**100,00%**	
OVERRUN/ LITER VOLUMEN	**25%**	**5.030,00**	**125,00%**	

GEKOCHTE HAFERFLOCKEN

ZUTATEN	MENGE IN G	HERSTELLUNG
Milch	2.000,00	Milch mit Zucker, Dextrose, Honig und Salz aufkochen, die Haferflocken einstreuen und 10 Minuten ziehen lassen.
Zucker	300,00	
Dextrose	60,00	
Honig	100,00	
Haferflocken, blütenzart	400,00	
Salz	3,00	
GESAMT	**2.863,00**	

KIRSCH-BANANEN-EIS

ZUTATEN	TYP	MENGE IN G	ANTEIL %	HERSTELLUNG
Bananen, frisch	F	1.000,00	24,9 %	Kalte Herstellung.
Vollmilch 3,5 %	F	1.400,00	34,8 %	
Kirschsaft	F	600,00	14,9 %	
Zucker	T	650,00	16,2 %	
Trockenglukose	T	110,00	2,7 %	
Inulin	T	60,00	1,5 %	
Magermilchpulver	T	70,00	1,7 %	
Fruchtbase 30	T	120,00	3,0 %	
Zitronensäure		12,00	0,3 %	
GESAMT		**4.022,00**	**100,00%**	
OVERRUN/ LITER VOLUMEN	25%	5.027,50	125,00%	

MOHN-MARZIPAN-EIS

ZUTATEN	TYP	MENGE IN G	ANTEIL %	HERSTELLUNG
Vollmilch 3,5 %	F	2.700,00	64,8 %	Warme Herstellung.
Schlagsahne 32 %	F	300,00	7,2 %	
Dampfmohn	T	100,00	2,4 %	
Marzipan	T	130,00	3,1 %	
Zucker	T	520,00	12,5 %	
Dextrose	T	100,00	2,4 %	
Inulin	T	60,00	1,4 %	
Magermilchpulver	T	130,00	3,1 %	
Milchbase 30	T	120,00	2,9 %	
Salz	T	4,00	0,1 %	
GESAMT		**4.164,00**	**100,00%**	
OVERRUN/ LITER VOLUMEN	25%	5.205,00	125,00%	

OMA´S APFELKUCHEN-EIS

ZUTATEN	TYP	MENGE IN G	ANTEIL %	HERSTELLUNG
Vollmilch 3,5 %	F	2.500,00	62,1 %	Bei der Entnahme aus dem Gefriergerät zwei Lagen Apfel-Variegato einstrudeln. Die Oberfläche mit Apfel-Variegato (siehe Seite 194) dekorieren und Zimtzucker aufstreuen.
Schlagsahne 32 %	F	300,00	7,4 %	
Apfelsaft	F	200,00	5,0 %	
Zimt	T	5,00	0,1 %	
Zucker	T	600,00	14,9 %	
Dextrose	T	100,00	2,5 %	
Inulin	T	70,00	1,7 %	
Magermilchpulver	T	130,00	3,2 %	
Milchbase 30	T	120,00	3,0 %	
Salz	T	4,00	0,1 %	
GESAMT		**4.029,00**	**100,00%**	
OVERRUN/ LITER VOLUMEN	**25%**	**5.036,25**	**125,00%**	

RAHMKARAMELL-EIS

ZUTATEN	TYP	MENGE IN G	ANTEIL %	HERSTELLUNG
Vollmilch 3,5 %	F	2.800,00	68,7 %	Pasteurisieren bis auf maximal 85 °C.
Schlagsahne 32 %	F	200,00	4,9 %	
Rahmkaramell	F	200,00	4,9 %	
Zucker	T	480,00	11,8 %	
Dextrose	T	100,00	2,5 %	
Inulin	T	70,00	1,7 %	
Magermilchpulver	T	100,00	2,5 %	
Milchbase 30	T	120,00	2,9 %	
Salz	T	4,00	0,1 %	
GESAMT		**4.074,00**	**100,00%**	
OVERRUN/ LITER VOLUMEN	**25%**	**5.092,50**	**125,00%**	

RAHMKARAMELL: 100 g Zucker karamellisieren lassen und 100 g heiße Schlagsahne einrühren, bis ein gleichmäßiger goldbrauner Karamell entsteht.

ROSEN-EIS

ZUTATEN	TYP	MENGE IN G	ANTEIL %	HERSTELLUNG
Vollmilch 3,5 %	F	2.300,00	56,5 %	Pasteurisieren bis auf maximal 85 °C.
Schlagsahne 32 %	F	550,00	13,5 %	
Rosenwasser	F	150,00	3,7 %	
Zucker	T	650,00	16,0 %	
Dextrose	T	130,00	3,2 %	
Inulin	T	60,00	1,5 %	
Magermilchpulver	T	110,00	2,7 %	
Milchbase 30	T	120,00	2,9 %	
Salz	T	4,00	0,1 %	
GESAMT		**4.074,00**	**100,00%**	
OVERRUN/ LITER VOLUMEN	25%	5.092,50	125,00%	

STRACCIATELLA-EIS

ZUTATEN	TYP	MENGE IN G	ANTEIL %	HERSTELLUNG
Vollmilch 3,5 %	F	2.400,00	59,6 %	Pasteurisieren bis auf maximal 85 °C. Bei der Entnahme werden 300 g flüssige Stracciatella Glasur (ggfls. kennzeichnungspflichtig) oder Kuvertüre untergemischt.
Schlagsahne 32 %	F	500,00	12,4 %	
Kondensmilch	F	100,00	2,5 %	
Zucker	T	600,00	14,9 %	
Dextrose	T	110,00	2,7 %	
Inulin	T	60,00	1,5 %	
Magermilchpulver	T	130,00	3,2 %	
Milchbase 30	T	120,00	3,0 %	
Salz	T	4,00	0,1 %	
GESAMT		**4.024,00**	**100,00%**	
OVERRUN/ LITER VOLUMEN	25%	5.030,00	125,00%	

TRÜFFEL-CRISP

ZUTATEN	TYP	MENGE IN G	ANTEIL %	HERSTELLUNG
Vollmilch 3,5 %	F	2.500,00	62,6 %	Kurz vor der Entnahme aus dem Gefriergerät 90 g Krokant oder zerstoßene Amarettini-Plätzchen zugeben. Mit Trüffel-Variegato (siehe Seite 199) marmorieren.
Schlagsahne 32 %	F	500,00	12,5 %	
Vanillepaste (Seite 92-93)	F	40,00	1,0 %	
Zucker	T	520,00	13,0 %	
Dextrose	T	110,00	2,8 %	
Inulin	T	70,00	1,8 %	
Magermilchpulver	T	130,00	3,3 %	
Milchbase 30	T	120,00	3,0 %	
Salz	T	4,00	0,1 %	
GESAMT		**3.994,00**	**100,00%**	
OVERRUN/ LITER VOLUMEN	**25%**	**4.992,50**	**125,00%**	

SESAM-EIS

ZUTATEN	TYP	MENGE IN G	ANTEIL %	HERSTELLUNG
Vollmilch 3,5 %	F	2.300,00	55,8 %	Pasteurisieren bis auf maximal 85 °C. Die geröstete Sesamsaat bei der Entnahme einstreuen.
Schlagsahne 32 %	F	550,00	13,3 %	
Tahine	F	120,00	2,9 %	
Zucker	T	650,00	15,8 %	
Dextrose	T	130,00	3,2 %	
Inulin	T	60,00	1,5 %	
Magermilchpulver	T	110,00	2,7 %	
Milchbase 30	T	120,00	2,9 %	
Sesamsaat, geröstet	T	80,00	1,9 %	
Salz	T	4,00	0,1 %	
GESAMT		**4.124,00**	**100,00%**	
OVERRUN/ LITER VOLUMEN	25%	5.155,00	125,00%	

WEISSES-KAFFEE-EIS

ZUTATEN	TYP	MENGE IN G	ANTEIL %	HERSTELLUNG
Vollmilch 3,5 %	F	2.800,00	68,1 %	Einen Teil der Milch, etwa 1.000 g, auf etwa 50 °C erwärmen. Die Espressobohnen 25 Minuten in der warmen Milch ziehen lassen. Anschließend die Espressobohnen herausfiltern und den Eismix herstellen. Die Milch darf nicht zu heiß werden, da sonst die Säure der Kaffeebohnen die Milchproteine angreift und gerinnen lässt.
Schlagsahne 32 %	F	200,00	4,9 %	
Espressobohnen	F	80,00	1,9 %	
Zucker	T	600,00	14,6 %	
Dextrose	T	110,00	2,7 %	
Inulin	T	70,00	1,7 %	
Magermilchpulver	T	130,00	3,2 %	
Milchbase 30	T	120,00	2,9 %	
Salz	T	4,00	0,1 %	
GESAMT		**4.114,00**	**100,00%**	
OVERRUN/ LITER VOLUMEN	25%	5.142,50	125,00%	

LAKTOSE- UND KUHMILCHFREIES EIS

Gerade bei der Herstellung von allergikergeeignetem Eis muss extrem auf absolute Sauberkeit geachtet werden. Die Produktionsgeräte müssen entsprechend vorbereitet und gereinigt sein, damit keine Rückstände von anderen Eissorten das Allergikereis verunreinigen können. Jedes Fruchteis kann in Hinblick auf Laktoseallergien durchaus milchfrei hergestellt werden. Es ist lediglich darauf zu achten, dass statt Milchbase Fruchtbase verwendet wird und dass das Magermilchpulver gegen einen anderen geeigneten Füllstoff, z.B. Inulin, ausgetauscht wird. Bei Milcheissorten wie beispielsweise Schokolade oder Haselnuss werden alle Kuhmilchprodukte sowie Milchbestandteile (MMP) durch Ersatzprodukte wie z.B. Sojamilch, Hafermilch, laktosefreie Milch etc. substituiert. Ziegen- und Schafsmilch sind nicht laktosefrei, werden aber von Kuhmilchallergikern gerne als Alternative betrachtet.

VANILLE LAKTOSEFREI

ZUTATEN	TYP	MENGE IN G	ANTEIL %	
Milchersatz (Soja-, Hafermilch etc.)	F	3.000,00	73,8 %	Pasteurisieren bis auf maximal 85 °C.
Vanillepaste (Seite 92-93)	F	80,00	2,0 %	
Zucker	T	550,00	13,5 %	
Fruchtbase 30	T	120,00	3,0 %	
Dextrose	T	110,00	2,7 %	
Inulin	T	200,00	4,9 %	
Salz	T	4,00	0,1 %	
GESAMT		**4.064,00**	**100,00 %**	
OVERRUN/ LITER VOLUMEN	25 %	5.080,00	125,00 %	

HASELNUSS LAKTOSEFREI

ZUTATEN	TYP	MENGE IN G	ANTEIL %	
Milchersatz (Soja-, Hafermilch etc.)	F	2.950,00	69,3 %	Pasteurisieren bis auf maximal 85 °C.
Haselnussmark	F	280,00	6,6 %	
Zucker	T	650,00	15,3 %	
Fruchtbase 30	T	120,00	2,8 %	
Dextrose	T	110,00	2,6 %	
Trockenglukose	T	80,00	1,9 %	
Inulin	T	60,00	1,4 %	
Salz	T	4,00	0,1 %	
GESAMT		**4.254,00**	**100,00 %**	
OVERRUN/ LITER VOLUMEN	25 %	5.317,50	125,00 %	

SCHOKOLADE LAKTOSEFREI

ZUTATEN	TYP	MENGE IN G	ANTEIL %	
Milchersatz (Soja-, Hafermilch etc.)	F	2.750,00	68,6 %	Pasteurisieren bis auf maximal 85 °C.
Kakaopulver	T	190,00	4,7 %	
Zucker	T	650,00	16,2 %	
Fruchtbase 30	T	120,00	3,0 %	
Dextrose	T	175,00	4,4 %	
Inulin	T	120,00	3,0 %	
Salz	T	4,00	0,1 %	
GESAMT		**4.009,00**	**100,00 %**	
OVERRUN/ LITER VOLUMEN	25 %	5.011,25	125,00 %	

FRUCHTEIS LAKTOSEFREI GRUNDREZEPTUR

ZUTATEN	TYP	MENGE IN G	ANTEIL %	
Früchte	F	1.500,00	36,0 %	Kalte Herstellung.
Wasser	F	1.400,00	33,6 %	
Zucker	T	850,00	20,4 %	
Trockenglukose	T	150,00	3,6 %	
Inulin	T	130,00	3,1 %	
Fruchtbase 30	T	120,00	2,9 %	
Zitronensäure		12,00	0,3 %	
GESAMT		**4.162,00**	**100,00 %**	
OVERRUN/ LITER VOLUMEN	**25 %**	**5.202,50**	**125,00 %**	

Schaf- und Ziegenmilch eignen sich sehr gut für die Herstellung der dunklen Eissorten Haselnuss und Schokolade, aber auch für marmorierte Varianten mit Himbeeren und Waldfrüchten.

SCHAFSMILCHEIS GRUNDREZEPT

ZUTATEN	TYP	MENGE IN G	ANTEIL %	
Schafsmilch	F	2.500,00	73,2 %	Pasteurisieren bis auf maximal 85 °C.
Zucker	T	520,00	15,2 %	
Fruchtbase 30	T	120,00	3,5 %	
Dextrose	T	90,00	2,6 %	
Inulin	T	180,00	5,3 %	
Salz	T	4,00	0,1 %	
GESAMT		**3.414,00**	**100,00%**	
OVERRUN/ LITER VOLUMEN	25%	4.267,50	125,00%	

ZIEGENMILCHEIS GRUNDREZEPT

ZUTATEN	TYP	MENGE IN G	ANTEIL %	
Ziegenmilch	F	2.500,00	73,2 %	Pasteurisieren bis auf maximal 85 °C.
Zucker	T	520,00	15,2 %	
Fruchtbase 30	T	120,00	3,5 %	
Dextrose	T	90,00	2,6 %	
Inulin	T	180,00	5,3 %	
Salz	T	4,00	0,1 %	
GESAMT		**3.414,00**	**100,00%**	
OVERRUN/ LITER VOLUMEN	25%	4.267,50	125,00%	

ANDECHSER
NATUR
Haltbare
Bio-Ziegenmilch

TABELLEN FÜR DIE HERSTELLUNG VON EISMIXEN MIT HILFE DES PASTEURISIERERS

FRUCHTEISMIX FÜR DEN PASTEURISIERER

GRUNDMIX FRUCHTEIS	TYP	MENGE IN G	ANTEIL %	HERSTELLUNG
Wasser	F	10.700,00	53,5 %	Pasteurisieren bis auf maximal 65 °C.
Zucker	T	7.000,00	35,0 %	
Trockenglukose	T	1.100,00	5,5 %	
Inulin	T	240,00	1,2 %	
Dextrose	T	360,00	1,8 %	
Fruchtbase 30	T	600,00	3,0 %	
GESAMT		**20.000,00**	**100,00%**	

REZEPTVORSCHLÄGE FÜR FRUCHTEISSORTEN

	GRUNDMIX	FRUCHT	ZITRONENSÄURE	GESAMT
ERDBEERE	2.000,00	2.000,00	14,00	**4.014,00**
HIMBEERE	2.720,00	1.280,00	12,00	**4.012,00**
HEIDELBEERE	2.550,00	1.450,00	14,00	**4.014,00**
WALDFRÜCHTE	2.600,00	1.400,00	12,00	**4.012,00**
MANGO	2.800,00	1.200,00	10,00	**4.010,00**
PASSIONSFRUCHT	2.900,00	1.100,00	8,00	**4.008,00**
ANANAS	2.300,00	1.700,00	10,00	**4.010,00**
CASSIS	2.400,00	1.600,00	10,00	**4.010,00**

Frucht- und Mixzugabe sind wechselseitig tauschbar.

BEISPIEL ERDBEERE: Werden anstelle von 2.000 g Erdbeeren nur 1.800 g zugegeben, erhöht sich die Zugabe des Eismixes demnach um 200 g.

GRUNDMASSE MILCHEIS

GRUNDMASSE	TYP	ANTEIL %	EINZEL-REZEPTUR	PASTEURISIERER 30 KG	60 KG	120 KG
ZUTATEN			MENGE IN G			
Vollmilch 3,5 %	F	67,4 %	2.700,00	20.250,00	40.500,00	81.000,00
Sahne 32 %	F	7,5 %	300,00	2.250,00	4.500,00	9.000,00
Zucker	T	15,0 %	600,00	4.500,00	9.000,00	18.000,00
Dextrose	T	2,5 %	100,00	750,00	1.500,00	3.000,00
Magermilchpulver	T	3,0 %	120,00	900,00	1.800,00	3.600,00
Milchbase 30	T	3,0 %	120,00	900,00	1.800,00	3.600,00
Inulin	T	1,5 %	60,00	450,00	900,00	1.800,00
Salz	T	0,1 %	4,00	30,00	60,00	120,00
GESAMT		**100,00%**	**4.004,00**	**30.030,00**	**60.060,00**	**120.120,00**

HERSTELLUNG: Dieser Eismix kann bis zu einer Temperatur von maximal 85°C pasteurisiert werden. Ich benutze allerdings die schonende Variante von 65 °C. Die Milch in den Pasteurisierer geben und das entsprechende Programm starten. Die trockenen Zutaten „T" abwiegen und trocken miteinander vermischen. Sobald die Milch eine Temperatur von 50 °C erreicht hat, die trockenen Zutaten zugeben. Bei Erreichen der Endtemperatur wird die Heißhaltephase eingeleitet und das Gerät hält die Temperatur nach Vorgaben des Herstellers. Nach Ablauf der Heißhaltezeit startet der Kühlprozess. Zu diesem Zeitpunkt die Schlagsahne zugeben. Mit Erreichen der voreingestellten Kühltemperatur (diese liegt zwischen 4 und 7 °C) geht das Gerät in die Reifezeit über. Hierbei wird der Eismix in Intervallen auf der konstanten Temperatur gehalten und langsam umgewälzt (variiert je nach Hersteller). Nach mindestens sechs Stunden Reifezeit ist der Eismix verarbeitbar.

SOFTEIS

Softeis unterscheidet sich nicht von den üblichen vom Gesetzgeber geforderten Inhaltsstoffen und Bedingungen. Wer selbst einen Softeismix herstellen möchte, muss sich lediglich an die Gefriermöglichkeiten seiner Soft- oder Frozen-Joghurt-Maschinen herantasten.

Da jede Softeismaschine mit anderen Gefriertemperaturen arbeitet, erfordert dies die Anpassung des Zucker- und Trockenmassegehalts. Je nach Typ der Softeismaschine, muss der Zuckergehalt entsprechend verändert werden.

FOLGENDE REGELN SIND GRUNDSÄTZLICH ZU BEACHTEN:

1. Das Eis hat eine zu weiche Konsistenz:
   Der Zuckergehalt muss um 1 bis 2 Prozent reduziert werden.
2. Das Eis hat eine zu harte Konsistenz:
   Der Zuckergehalt muss um 1 bis 2 Prozent erhöht werden.

SOFTEIS JOGHURT NATUR 3,5%

ZUTATEN	TYP	MENGE IN G	ANTEIL %	
Joghurt 3,5 %	F	2.000,00	47,8 %	Kalte Herstellung.
Vollmilch 3,5 %	F	1.100,00	26,3 %	
Sahne 32 %	F	200,00	4,8 %	
Zucker	T	450,00	10,8 %	
Magermilchpulver	T	130,00	3,1 %	
Milchbase 30	T	60,00	1,4 %	
Dextrose	T	80,00	1,9 %	
Inulin	T	150,00	3,6 %	
Salz	T	4,00	0,1 %	
Zitronensäure		6,00	0,1 %	
GESAMT		**4.180,00**	**100,00%**	

GELMATIC
THE TASTE OF QUALITY

SOFTEIS VANILLE

ZUTATEN	TYP	MENGE IN G	ANTEIL %	
Vollmilch 3,5 %	F	2.700,00	66,0 %	Pasteurisieren bis auf maximal 85 °C.
Schlagsahne 32 %	F	300,00	7,3 %	
Vanillepaste (Seite 92-93)	F	70,00	1,7 %	
Zucker	T	440,00	10,7 %	
Magermilchpulver	T	200,00	4,9 %	
Milchbase 30	T	120,00	2,9 %	
Dextrose	T	200,00	4,9 %	
Inulin	T	60,00	1,5 %	
Salz	T	4,00	0,1 %	
GESAMT		**4.094,00**	**100,00%**	

SOFTEIS SCHOKOLADE

ZUTATEN	TYP	MENGE IN G	ANTEIL %	
Vollmilch 3,5 %	F	2.700,00	66,8 %	Pasteurisieren bis auf maximal 85 °C.
Schlagsahne 32 %	F	300,00	7,4 %	
Kakaopulver 22-24 %	F	220,00	5,4 %	
Zucker	T	440,00	10,9 %	
Milchbase 30	T	120,00	3,0 %	
Dextrose	T	200,00	4,9 %	
Inulin	T	60,00	1,5 %	
Salz	T	4,00	0,1 %	
GESAMT		**4.044,00**	**100,00%**	

SOFTEIS ERDBEER

ZUTATEN	TYP	MENGE IN G	ANTEIL %	HERSTELLUNG
Wasser	F	1.000,00	25,0 %	**ACHTUNG**: Die Erdbeeren müssen vor der Verarbeitung unbedingt gefiltert werden, da sonst Pumpe oder Sickerventil der Softeismaschine verstopfen können.
Vollmilch 3,5 %	F	800,00	20,0 %	
Erdbeeren	F	1.200,00	30,0 %	
Zucker	T	440,00	11,0 %	
Magermilchpulver	T	160,00	4,0 %	
Fruchtbase 30	T	120,00	3,0 %	
Dextrose	T	200,00	5,0 %	
Inulin	T	60,00	1,5 %	
Zitronensaft	T	20,00	0,5 %	
GESAMT		**4.000,00**	**100,00%**	

VARIEGATI

Aus dem Italienischen übernommen, werden die sogenannten Variegati bei der modernen Präsentation von Speiseeis zum Marmorieren eingesetzt. Diese Marmorierer bestehen aus angedickten Fruchtsäften, die oftmals zusätzlich Fruchtstücke enthalten. Bei der Entnahme unter das fertige Eis gezogen oder - wie der Fachmann sagt - eingestrudelt, kann eine ansprechende Optik erzielt werden, denn auch die Farbgebung spielt beim Verkauf eine große Rolle.

Es gibt zahlreiche Varianten, z. B. aus Früchten, Schokolade oder auch Karamell. Bei neuen Kreationen muss darauf geachtet werden, dass der Zuckergehalt entsprechend hoch ist. Denn wie auch in der Eisrezeptur, ist der Zucker dafür zuständig, dass die eingearbeiteten Marmorierer im fertigen Eis nicht zu hart werden.

Zum Binden benutze ich - ähnlich wie bei der Marmeladenherstellung - Apfelpektin. Wahlweise kann das Pektin auch durch Johannisbrotkernmehl ersetzt werden. Ist dies der Fall, sollte die Zugabemenge jedoch leicht reduziert werden, da das Johannisbrotkernmehl das Wasser oder den Saft sonst zu stark binden würde.

HERSTELLUNG: Früchte, Püree, Fruchtsaft oder Wasser zusammen mit der Trockenglukose aufkochen. Zucker mit Pektin oder Johannisbrotkernmehl trocken vermischen und in die kochende Flüssigkeit einrühren. Kurz aufkochen, abkühlen lassen und luftdicht verschlossen im Kühlschrank aufbewahren. Die Haltbarkeit beträgt etwa eine Woche.

ROTE-GRÜTZE-VARIEGATO

ZUTATEN	MENGE IN G	ANTEIL %	HERSTELLUNG
Waldfrüchte, gemischt	600,00	40,2 %	Die tiefgekühlten Waldfrüchte auftauen und nur kurz pürieren. Es sollen noch Stücke erhalten bleiben. Als Alternative kann auch eine Waldfruchtzubereitung genutzt werden.
Wasser	250,00	16,8 %	
Trockenglukose	310,00	20,8 %	
Zucker	310,00	20,8 %	
Johannisbrotkernmehl	8,00	0,5 %	
Zimt	4,00	0,3 %	
Zitronensaft	10,00	0,7 %	
GESAMT	**1.492,00**	**100,00%**	

ANANAS-VARIEGATO

ZUTATEN	MENGE IN G	ANTEIL %	HERSTELLUNG
Wasser	50,00	7,0 %	Nach dem Kochen etwa 100 g Ananasstückchen unterheben.
Ananaspüree	300,00	42,2 %	
Trockenglukose	175,00	24,6 %	
Zucker	175,00	24,6 %	
Apfelpektin	6,00	0,8 %	
Zitronensaft	5,00	0,7 %	
GESAMT	**711,00**	**100,00%**	

APFEL-VARIEGATO / OMA´S APFELKUCHENEIS

ZUTATEN	MENGE IN G	ANTEIL %	HERSTELLUNG
Apfelstücke, frisch und geschält	2.000,00	55,2 %	Nach dem Kochen 100 g geröstete Sonnenblumenkerne, 80 g gewaschene Sultaninen und 50 g Honig zugeben.
Trockenglukose	500,00	13,8 %	
Zucker	1.000,00	27,6 %	
Johannisbrotkernmehl	16,00	0,4 %	
Zimt	10,00	0,3 %	
Zitronensaft	100,00	2,8 %	
GESAMT	**3.626,00**	**100,00%**	

CASSIS-VARIEGATO

ZUTATEN	MENGE IN G	ANTEIL %	HERSTELLUNG
Cassispüree	200,00	27,5 %	Nach dem Kochen etwa 100 g aufgetaute schwarze Johannisbeeren unterheben.
Wasser	150,00	20,6 %	
Trockenglukose	175,00	24,1 %	
Zucker	175,00	24,1 %	
Apfelpektin	7,00	1,0 %	
Zitronensaft	20,00	2,8 %	
GESAMT	**727,00**	**100,00%**	

ERDBEER-VARIEGATO

ZUTATEN	MENGE IN G	ANTEIL %	HERSTELLUNG
Erdbeerpüree	200,00	27,5 %	Nach dem Kochen 100 g Erdbeerstückchen unterheben.
Wasser	100,00	13,8 %	
Himbeeren	50,00	6,9 %	
Trockenglukose	175,00	24,1 %	
Zucker	175,00	24,1 %	
Apfelpektin	6,00	0,8 %	
Zitronensaft	20,00	2,8 %	
GESAMT	**726,00**	**100,00%**	

HIMBEER-VARIEGATO

ZUTATEN	MENGE IN G	ANTEIL %	HERSTELLUNG
Himbeerpüree	200,00	29,5 %	Nach dem Kochen 100 g Himbeeren unterheben.
Wasser	100,00	14,8 %	
Trockenglukose	175,00	25,8 %	
Zucker	175,00	25,8 %	
Apfelpektin	7,00	1,0 %	
Zitronensaft	20,00	3,0 %	
GESAMT	**677,00**	**100,00%**	

HEIDELBEER-VARIEGATO

ZUTATEN	MENGE IN G	ANTEIL %	HERSTELLUNG
Heidelbeerpüree	200,00	29,6 %	Nach dem Kochen 100 g Heidelbeeren unterheben.
Wasser	100,00	14,8 %	
Trockenglukose	175,00	25,9 %	
Zucker	175,00	25,9 %	
Apfelpektin	6,00	0,9 %	
Zitronensaft	20,00	3,0 %	
GESAMT	**676,00**	**100,00%**	

KIRSCH-VARIEGATO

ZUTATEN	MENGE IN G	ANTEIL %	HERSTELLUNG
Sauerkirschen mit Saft	300,00	41,3 %	
Wasser	50,00	6,9 %	
Trockenglukose	180,00	24,7 %	
Zucker	175,00	24,1 %	
Apfelpektin	7,00	1,0 %	
Zitronensaft	15,00	2,1 %	
GESAMT	**727,00**	**100,00%**	

ORANGEN-VARIEGATO

ZUTATEN	MENGE IN G	ANTEIL %	HERSTELLUNG
Orangensaft, frisch	500,00	53,9 %	Das Orangenfleisch sowie die Zesten von einer Orange mitkochen.
Orangen, unbehandelt	1,00	0,1 %	
Trockenglukose	200,00	21,6 %	
Zucker	200,00	21,6 %	
Apfelpektin	12,00	1,3 %	
Zitronensaft	15,00	1,6 %	
GESAMT	**928,00**	**100,00%**	

RAHMKARAMELL-VARIEGATO / KARAMELL-SESAM

ZUTATEN	MENGE IN G	ANTEIL %	HERSTELLUNG
Zucker	500,00	50,0 %	Den Zucker unter ständigem Rühren zu Karamell schmelzen. Anschließend die zum Kochen gebrachte Sahne vorsichtig einrühren. Nach dem Abkühlen 100 g geröstete Sesamsaat einrühren.
Schlagsahne 32 %	500,00	50,0 %	
GESAMT	**1.000,00**	**100,00%**	

TRÜFFEL-VARIEGATO

ZUTATEN	MENGE IN G	ANTEIL %	HERSTELLUNG
Schlagsahne 32 %	500,00	38,5 %	Die Sahne mit Zucker aufkochen. Kuvertüre und Nugat in der Sahne zum Schmelzen bringen. 100 g geröstete, gehackte Nüsse, Mandeln oder andere stückige Zutaten untermischen.
Zucker	200,00	15,4 %	
Trockenglukose	100,00	7,7 %	
Kuvertüre, zartbitter	400,00	30,8 %	
Nussnugat, dunkel	100,00	7,7 %	
GESAMT	**1.300,00**	**100,00%**	

ZITRONEN-VARIEGATO

ZUTATEN	MENGE IN G	ANTEIL %	HERSTELLUNG
Zitronensaft	250,00	37,9 %	Das Fruchtfleisch der Zitrone pürieren und zusammen mit den Zesten mitkochen.
Wasser	50,00	7,6 %	
Trockenglukose	175,00	26,6 %	
Zucker	175,00	26,6 %	
Johannisbrotkernmehl	8,00	1,2 %	
Zitrone, unbehandelt	1,00	0,2 %	
GESAMT	**659,00**	**100,00%**	

EISTORTEN

Eistorten oder Eisdesserts gehören in der Regel zu der Familie der Parfaits. Unter Parfait versteht man ein halbgefrorenes Eis; es ist auch als „Semifreddo" bekannt.

Die Basis für diese Eisvariante ist in der Regel geschlagene Sahne, die mit aufgeschlagenen Volleiern, Eiweiß und/oder Eigelb vermengt wird.

Der entsprechende Geschmack kann durch die Zugabe von natürlichen Früchten sowie Fruchtzubereitungen und sämtlichen anderen Aromen und Geschmackspasten erzielt werden. Die Zugabe von Alkohol ist durchaus üblich.

Klassische Parfaits sind beispielsweise „Fürst-Pückler " oder die bekannte „Splitter-Eistorte".

Speziell für diesen Bereich ist ein gesetzlicher Mindestfettgehalt vorgeschrieben, verankert in der Speiseeisverordnung als „Rahmeis, Sahneeis". Diese Sorte muss einen Mindestfettgehalt von 18 Prozent Milchfett aus der verarbeiteten Sahne aufweisen.

Ein Parfait wird in der Regel in eine vorgekühlte, „chemisierte" (mit Kuvertüre, Gelee oder Guss ausgekleidete) Form oder auch in Silikonformen eingefüllt. In der klassischen Konditorei und im Eiscafé werden Parfaits auch in Tortenringen gefertigt. Damit sich die einzelnen Schichten nicht mischen, sollte ein dünner Biskuitboden zwischengelegt oder – wenn es die Zeit zulässt – jede Schicht kurz angefroren werden.

Werden Eiweiß und/oder Eigelb verarbeitet, sollte man am besten auf bereits pasteurisierte Produkte zurückgreifen. Diese verringern das Risiko einer zu hohen Keimbelastung. Trotzdem sollte man auch bei pasteurisierten Produkten auf ein nochmaliges Erwärmen der Eier bzw. des Eigelbs nicht verzichten – zum einen aus Sicherheitsgründen (zum Schutz vor Keimen oder Salmonellen) und zum anderen aus Gründen der besseren Bindung. Warm aufgeschlagene Eier verfügen über ein besseres Standvermögen und bringen deshalb ein wesentlich höheres Volumen in das fertige Produkt. Die Entscheidung, mit oder ohne Eizugabe zu arbeiten, obliegt natürlich jedem Hersteller selbst.

Ganz klassisch wird ein Parfait auf folgende Art hergestellt: Man schlägt Eier zunächst mit Zucker warm auf und anschließend, zum Erreichen einer besseren Stabilität, noch einmal kalt. Danach können Geschmackszutaten vorsichtig eingearbeitet werden, und abschließend kann die geschlagene Sahne untergehoben werden. Diese Parfaitmasse wird in entsprechend vorbereitete Formen oder Ringe gefüllt oder eindressiert und anschließend im Tiefkühler eingefroren.

Eine weitere mögliche Variante ist etwas aufwendiger, dafür aber noch stabiler: Hierzu schlägt man Eigelb und Eiweiß getrennt auf. Anschließend wird ein Drittel des Zuckers mit dem Eigelb warm und danach kalt aufgeschlagen. Der restliche Zucker wird mit einem kleinen Teil Wasser bis auf 115 °C gekocht und während des Aufschlagens dem Eiweiß in dünnem Strahl zugegeben. Dann wird auch diese Masse kalt geschlagen. Beim darauffolgenden vorsichtigen Unterheben des Eiweißes unter die Eigelbmasse ist es ratsam, zunächst nur mit einem kleinen Teil anzugleichen. Danach ganz locker die Geschmackszutaten, das restliche Eiweiß sowie geschlagene Sahne unterarbeiten. Die fertige Masse wie oben beschrieben in Formen füllen und einfrieren.

Varianten der beiden beschriebenen Methoden sind, das Parfait jeweils nur mit Eigelb oder Eiweiß oder aber komplett ohne Verwendung von Eiern herzustellen. Oftmals arbeitet man ausschließlich mit Eiweiß, wenn Früchte verwendet werden sollen, da sich der Eigelbgeschmack möglicherweise negativ auf den Geschmack der Früchte auswirken kann.

Da Parfait im Prinzip nichts anderes ist als eine tiefgekühlte Sahnetorte bzw. ein Sahnedessert, das auch in gefrorenem Zustand schmecken muss, wird der Geschmack über den Zuckergehalt gesteuert. Auch Alkohol, der eine dreimal stärker gefrierhemmende Wirkung hat als Zucker, vermindert das „kalte" Gefühl beim Verzehr einer solchen Speise. Der Genuss eines Parfaits darf nicht „betäubend" wirken oder grobe Eiskristalle aufweisen. Dieses Empfinden wird durch den gelösten Zucker gesteuert.

Ein wesentliches Argument für eine Parfaitmasse als Grundlage einer Eistorte oder -bombe anstelle einer Kreation auf Basis von klassischem Milcheis ist das spezifische Abschmelzverhalten. Sobald ein Dessert aus Milcheis auf dem Tisch angerichtet präsentiert wird, beginnt die Oberfläche des Milcheises zu glänzen und zu tauen. Hinzu kommt, dass eine solche Eistorte oder -bombe immer einen harten Kern und eine weiche Außenschicht besitzt. Es kommt durchaus vor, dass eine Eistorte komplett zerläuft, noch bevor man in der Lage ist, sie zu schneiden. Im Gegensatz dazu schmilzt ein aus Parfait hergestelltes Dessert nicht, denn die eingeschlagene Luft wirkt stabilisierend. Fachgerecht hergestellt, kann ein Parfait auch zwei Stunden auf dem süßen Büfett überstehen.

EISTORTE SPLITTEREIS

ergibt 1 Torte mit 26 cm Durchmesser

ZUTATEN	MENGE	HERSTELLUNG
Rumtränke	75 g	Makronen oder Amarettiniplätzchen grob zerkleinern und in Rumtränke einweichen. Kuvertüre und Zucker zusammen abwiegen. Eingeweichte Makronen und Kuvertüre-Zuckermischung vorsichtig unter die geschlagene Sahne heben und in einen mit Nussbaiser oder Biskuitboden ausgelegten beliebig geformten Tortenring einfüllen, glatt streichen und mit Wachspapier abgedeckt einfrieren. Nach dem Durchfrieren aus dem Ring nehmen.
Makronen oder Amarettiniplätzchen	80 g	
Bitterkuvertüre, fein gehackt	150 g	
Zucker	100 g	
Schlagsahne, locker geschlagen	700 g	
Nussbaiser oder Baiserboden		

HERSTELLUNG RUMTRÄNKE: Läuterzucker im Verhältnis 1 Teil Wasser und 1 Teil Zucker kochen. Mit Rum ausgewogen abschmecken.

ÜBERZUG

ZUTATEN	MENGE	HERSTELLUNG
Schlagsahne	500 g	Schlagsahne aufkochen, Bitterkuvertüre und Nugat unter ständigem Rühren in der heißen Sahne auflösen. Die vorher in kaltem Wasser eingeweichte Gelatine ausdrücken und einrühren. Zur Weiterverarbeitung den Überzug auf etwa 40 °C abkühlen lassen.
Bitterkuvertüre	400 g	
Nussnugat	100 g	
Gelatine	3 Blatt	

Ausgeformte Eistorte mit der Überzugsmasse überziehen und beliebig ausdekorieren.

VANILLEPARFAIT

ZUTATEN	MENGE	HERSTELLUNG
Eier (etwa 150 g)	3	Eier, Eigelb, Zucker, Vanillestange und Salz warm aufschlagen, bis sich ein stabiler Schaum mit guter Bindung bildet. Diese Eimasse bis auf Raumtemperatur kalt schlagen und anschließend die Sahne unterheben. Eine beliebige Form mit Biskuitboden auslegen und mit Erdbeerscheiben auskleiden. Das Parfait einfüllen und über Nacht mit Wachspapier abgedeckt einfrieren.
Eigelb (etwa 40 g)	2	
Zucker	150 g	
Vanillestange	½	
Salz	1 Prise	
ungesüßte Sahne, locker geschlagen	750 g	
Biskuitboden		

KALTGELEE

ZUTATEN	MENGE	HERSTELLUNG
Wasser	500 g	Wasser und Glukosesirup aufkochen. Zucker und Johannisbrotkernmehl mischen und in den kochenden Glukosesirup einrühren. Alles aufkochen, in einen Messbecher umfüllen und die Oberfläche mit Zucker bestreuen. Dies verhindert eine zu starke Hautbildung.
Glukosesirup, getrocknet	250 g	
Zucker	250 g	
Johannisbrotkernmehl	8 g	

Die Oberfläche der Eistorte mit Kaltgelee überziehen, wahlweise mit Erdbeersauce marmorieren und mit frischen Erdbeeren und Schlagsahne dekorieren.

FRUCHTMOUSSE

ZUTATEN	MENGE	HERSTELLUNG
Eiweiß (etwa 120 g)	4	Eiweiß aufschlagen. Aus Zucker und Wasser einen Zuckersirup herstellen, diesen auf 110 °C bis maximal 115 °C kochen. Den gekochten Zuckersirup langsam in das schlagende Eiweiß gießen. Anschließend die gesamte Masse kalt schlagen. Die Sahne zum Schluss zusammen mit der Fruchtzubereitung vorsichtig unterheben. Fruchtmousse mit Wachspapier abgedeckt eine Nacht im Tiefkühlschrank durchfrieren und mit Kaltgelee überziehen. Nach Belieben dekorieren.
Zucker	250 g	
Wasser	100 g	
Sahne	650 g	
Amarena-Fruchtzubereitung	300 g	
Kaltgelee (siehe Seite 205)		

EISBECHER

Eisbecher sind sehr beliebte Produkte im Eiscafé. Hierbei werden verschiedene Eissorten kombiniert und mit Saucen oder Toppings sowie weiteren Zutaten verfeinert. Trotz des relativ hohen Aufwands sind solche Eisbecher in der Regel ein einträgliches Geschäft.

FRUCHTSAUCEN UND TOPPINGS

Sämtliche im Folgenden vorgestellten Saucen werden auch als Topping bezeichnet. Individuell ist der Zucker-, Säure- oder auch der Kakaogehalt variierbar. Gekühlt sind alle Produkte bei sauberer Arbeitsweise mehrere Tage haltbar. Aber auch das Einfrieren in luftdicht verschlossenen Behältern ist möglich. Ein portionsweises Verpacken ermöglicht rationelleres Arbeiten, da größere Mengen vorproduziert werden können.

ERDBEERSAUCE ROYAL

800 g Erdbeeren, frisch oder tiefgekühlt
200 g Himbeeren, frisch oder tiefgekühlt
600 g Zucker
200 g Trockenglukose
Zitronensaft oder Zitronensäure

Tiefgekühlte Früchte einen Tag vor der Verarbeitung ausfrieren, mit dem Zucker und der Trockenglukose vermischt über Nacht schonend und abgedeckt im Kühlschrank auftauen lassen. Die Früchte mithilfe eines Mixstabs pürieren und mit ein wenig Zitronensaft oder Zitronensäure abschmecken. Möglichst gekühlt lagern.

APRIKOSEN-TOPPING

900 g Aprikosen, gezuckert (Abtropfgewicht von etwa 2 Dosen)
300 g Zucker
Zitronensaft oder Zitronensäure

Die Aprikosen in einem Sieb abtropfen lassen. Die abgetropften Aprikosen klein schneiden und zusammen mit dem Zucker pürieren. Mit etwas Zitronensaft oder Zitronensäure abschmecken und kühl lagern.

RAHMKARAMELL-TOPPING

1.000 g Zucker
1.000 g Schlagsahne

Den Zucker schrittweise und langsam schmelzen lassen. Die Schlagsahne aufkochen und vorsichtig in den goldbraunen und aufgelösten Zucker einrühren.

KIWI-TOPPING

500 g frische Kiwis (oder gefrorene Kiwischeiben)
300 g Zucker
Zitronensaft oder Zitronensäure

Die Kiwis schälen, in Würfel schneiden und mit heißem Wasser abwaschen. Dies hemmt die Enzymtätigkeit, die in Kombination mit Milchprodukten zu einem bitteren Geschmack führen könnte. Zucker zugeben und die Mischung pürieren. Mit Zitronensaft oder Zitronensäure abschmecken und kühl lagern.

KIRSCH-TOPPING

800 g Sauerkirschen, tiefgekühlt
600 g Zucker
100 g Trockenglukose
Zitronensaft oder Zitronensäure

Die tiefgekühlten Sauerkirschen einen Tag vor der Verarbeitung ausfrieren, mit dem Zucker und der Trockenglukose vermischen und über Nacht abgedeckt im Kühlschrank auftauen lassen. Die Früchte anschließend pürieren, kurz aufkochen und durch ein Spitzsieb streichen, um verbliebene Kerne zu entfernen. Mit Zitronensaft oder Zitronensäure abschmecken und kühl lagern.

SCHOKOLADEN-TOPPING

500 g	Wasser
400 g	Sahne
500 g	Zucker
200 g	Trockenglukose
250 g	Kakaomasse oder Kakaopulver 22/24

Zutaten abwiegen und die Kakaomasse mit einem Messer grob zerkleinern. Die Flüssigkeit mit Zucker und Trockenglukose verrühren und aufkochen. Die Kakaomasse in die kochende Flüssigkeit einrühren und bei kleiner Flamme etwa 15 bis 20 Minuten reduzieren lassen. Das Topping sollte eine dickflüssige Konsistenz haben.

EIERLIKÖR-TOPPING

500 g	Puderzucker
10 g	Vanillepulver
10	Eigelb (oder 200 g pasteurisiertes Eigelb)
3 Dosen	(1.020 g) Kondensmilch 10 %
30 g	Alkohol 96 Vol.-%
50 g	Rum
3.500 g	Weinbrand

Puderzucker und Vanillepulver mit dem Eigelb verrühren und schaumig schlagen. Kondensmilch zugeben und alles auf 85 °C erhitzen. Diese Masse abgedeckt im Kühlschrank abkühlen lassen und anschließend Alkohol, Rum sowie Weinbrand unterrühren.

HINWEISE ZUR GESTALTUNG VON EISBECHERN

Bei der Gestaltung von optisch ansprechenden Eisbechern ist außer einigen Regeln einzig und allein die Fantasie des Herstellers gefragt. Selbstverständlich sollten, wie bei der Eisherstellung auch, ausschließlich hochwertige frische Früchte sowie Dessertsaucen, Toppings und ansprechende Dekore verwendet werden. Dies können selbst hergestellte Produkte sein, aber auch einige Rohstofflieferanten bieten hochwertige, bereits fertige Toppings an. Diese Fertigprodukte sind eine gute Alternative, wenn die Zeit fehlt, hausgemachte Toppings herzustellen oder wenn die Haltbarkeit zum Problem werden könnte.

Die Auswahl der Eisbecher und Gläser sollte man auf die vor dem Kauf erstellte Eiskarte abstimmen, da nicht die Menge unterschiedlicher Gläser entscheidend ist, sondern einzig und allein die Wirkung der fertigen Eisbecher. Auch mit einfachsten Bechern und Gläsern können schöne Ergebnisse erzielt werden. Trotzdem wird der Kunde durch ein ästhetisches Glas bereits beim Servieren positiv beeinflusst.

Die Sahne zum Garnieren kann leicht gesüßt und dazu mit Läuterzucker versetzt werden. Kristallzucker eignet sich zum Süßen nicht, da er sich in der kühlen Sahne nicht schnell genug löst und die Pumpe des Sahnebereiters beschädigen kann. Der Zuckerzusatz verhindert ein zu starkes Durchfrieren der Sahne an der Eiskugel.

Verwenden Sie ausschließlich frische Früchte, die gewaschen und teilweise vorgeschnitten in einer Kühlung aufbewahrt werden.

Achten Sie darauf, dass der Kunde beobachten kann, wie aufwendig die Zubereitung seines Eisbechers ist. Eine gut inszenierte „Show“ beeindruckt die Kunden und rechtfertigt den ein oder anderen Euro mehr für einen Eisbecher.

TIPPS ZUR EISBECHERGESTALTUNG

> Die Eisbecher sollten in einer Eisvitrine oder einem Eisschrank vorgekühlt werden.
> Die verwendeten Toppings und Saucen in handlichen Dosierflaschen bereitstellen.

Oberstes Gebot ist Hygiene am Arbeitsplatz: Der Arbeitsplatz muss immer sauber und aufgeräumt sein. Dies gilt selbstverständlich für die gesamte Eisproduktion. Es erfordert eine gute Organisation, jedes Zubehör gemäß seinem Gebrauch immer an der gleichen, gut zu erreichenden Stelle zu platzieren.

ZUBEREITUNG EINES EISBECHERS

Es empfiehlt sich, das Eisangebot genau im Blick zu haben, denn so weiß man, welche Eisbecher besonders gefragt sind. Dementsprechend sind die vorgekühlten Gläser vorzuhalten.

Zu Beginn die gewählte Sauce oder das Topping so in ein entsprechendes Glas einspritzen, dass das Produkt an den Innenwänden dünn herabfließt. Varianten mit zwei farblich unterschiedlichen Toppings sind optisch sehr reizvoll.

Anschließend einen kleinen Sahnetupfen in das Glas geben. Dadurch erreicht man zum einen optisch größere Eisbecher und hat zum anderen auch den Vorteil einer längeren Haltbarkeit des Eises bei Hochbetrieb, da die Sahne als Isolationsschicht wirkt. Danach werden die entsprechenden Eissorten portioniert, wobei fast in jedem Eisbecher mit Vanilleeis gearbeitet wird. Die Auswahl der Früchte, Saucen, Dekorationen, farbigen Liköre usw. ist jedem selbst überlassen. Diese Zutaten werden abschließend über die Eiskugeln gegeben. Auf die Dekorationen wird häufig eine weitere Sahnehaube gesetzt. Auch diese sollte mit Saucen, Früchten, Likören oder auch Schokoladenspänen, Krokant und gerösteten Nüssen garniert werden.

Wichtig ist eine Standardisierung der Eisbecher, damit der Kunde immer ein annähernd gleich aussehendes Produkt erhält. Dies erleichtern Fotos der einzelnen Eiskreationen, die jedem Mitarbeiter zugänglich sind.

Die Industrie bietet spezielle Verpackungen an, mit denen es möglich wird, dem Kunden auch Eisbecher zum Mitnehmen zu offerieren. Diese Verpackungen können teilweise auch mehrfach verwendet werden, sodass auch der Umweltschutz nicht zu kurz kommt.

AUSSERGEWÖHNLICH GESTALTETE EISBECHER

Es bieten sich zu den klassischen Eisgläsern oder Silberschalen ansprechende Alternativen wie zum Beispiel selbst gebackene Waffelkörbchen oder Weckgläser. Der Aufbau der Eisbecher ist identisch mit den herkömmlichen, lediglich die Präsentation unterscheidet sich.

Bei den Waffelkörbchen fällt im Vorfeld etwas Arbeit an, denn diese müssen vorgebacken werden. Ein feiner Duft jedoch animiert Kunden zum Kauf und macht Appetit auf mehr. Das arrangierte Waffelkörbchen als Eisbecher erspart Spül- und Poliertätigkeiten, die bei einem Eisglas unerlässlich sind.

Ein spezielles Eiserkuchen-Eisen backt ein Waffelkörbchen in 30 bis 40 Sekunden aus, und Waffelbacksysteme mit 2 bis 6 Eisen rationalisieren den Backvorgang erheblich.

REZEPTUR WAFFELKÖRBCHEN

150 g	Zucker
300 g	Weizenmehl
14 g	Anis, fein gemahlen
5 g	Salz
1 g	Vanille, fein gemahlen
4 g	Zimt, gemahlen
100 g	Sahne
80 g	Eier
400 g	Milch
100 g	Butter, flüssig

Zucker, Mehl und Gewürze zusammen abwiegen und trocken mischen. Sahne, Eier und Milch mit den trockenen Zutaten langsam zu einer glatten Masse verrühren. Wichtig: Diese Masse nicht (!) schaumig rühren! Zum Schluss die heiße Butter unter die Masse rühren. Es empfiehlt sich, die Waffelmasse etwa 3 bis 4 Stunden vor dem Backen vorzubereiten. Etwa 42 Gramm Waffelmasse mithilfe eines Dispensers auf das vorgeheizte Eisen geben. Die Waffel bei 250 °C etwa 35 Sekunden backen. Sofort aus dem Eisen nehmen und zu einem Körbchen, Röllchen oder Eishörnchen formen. Entsprechende Formgeber sind im Handel erhältlich. Die fertige Waffel sollte etwa 30 Gramm wiegen.

Mit dem selben Teig und dem selben Waffeleisen können auch leckere Eiswaffeln oder Eishörnchen hergestellt werden.

MILCHSHAKES

Milchmixgetränke können in vielen Varianten schnell und frisch hergestellt werden.

Auch für den Straßenverkauf gewinnen sie immer mehr an Beliebtheit. Wichtig für die Herstellung ist ein Milchmixgerät sowie gut vorgekühlte Milch. Als Geschmacksgeber können sämtliche Eissorten eingesetzt werden.

Als Geschmacksverstärker wird die entsprechende Fruchtsauce oder, wie z. B. bei Bananen- und Erdbeershake, die frische Frucht zugegeben. Für alle Milchshakes gilt: Je mehr Eis verwendet wird, desto dickflüssiger wird der Milchshake. Die Ursache hierfür sind die eventuell vorhandenen Bindemittel im Eis.

GRUNDMIX SHAKE

1-2	Kugeln Eis (je nach Größe der Kugeln)
150 ml	gekühlte Vollmilch

Je nach Sorte, z. B. Erdbeer-, Vanille- oder Schokoladeneis verwenden und zur Geschmacksrichtung der Sorte passend Sauce zugeben. Alle Zutaten etwa 1 bis 2 Minuten im Milchmixgerät cremig schlagen.

EISDESSERTS

EIS AM STIEL

Eine relativ neue Form der Eisvermarktung ist das handwerklich hergestellte Stieleis. Dazu benötigt man spezielle Silikonformen, in die das Milch- oder Fruchteis zunächst eindressiert und anschließend geglättet wird. Ein Holzstiel als Griff wird durch die hierfür vorgesehene Führung eingeschoben. Mit Wachspapier abgedeckt muss das Stieleis im Froster oder Schockfroster am besten über Nacht komplett durchhärten. Aus der unbehandelten Silikonform kann das Eis anschließend mühelos herausgedrückt werden. Mit einem Velvet-Spray veredelt oder einem Schokoladenüberzug versehen, wird dieses Stieleis zum echten Blickfang.

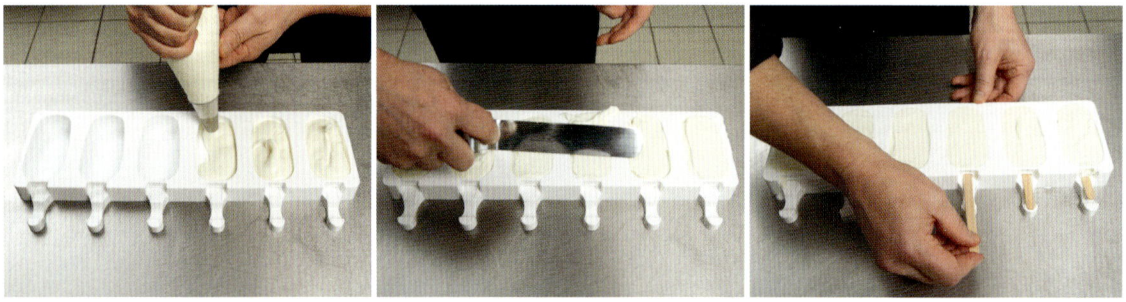

EISTÖRTCHEN

Mithilfe von Silikonformen können sämtliche Parfaits und Fruchtmousses zu kleinen Desserts verarbeitet werden. Beim Dekor sind der Fantasie keine Grenzen gesetzt.

TARTUFO-STEMPEL

Der Tartufo-Stempel ermöglicht das Ausformen von Streicheis à la Minute. Hierzu können sämtliche Frucht- und Milcheissorten verwendet werden. Der Tartufo-Stempel hinterlässt einen Hohlraum, der mit Früchten, Alkohol oder beliebigen Produkten gefüllt werden kann.

EISBECHER

STRAWBERRY CUP

Aufbau des Bechers:
> Erdbeersauce royal
> kleine Sahnehaube
> marinierte Erdbeeren (Erdbeeren waschen, achteln und mit etwas Zucker und Zitronensaft ansetzen)
> 2 Kugeln Vanille-Milcheis
> 1 Kugel Erdbeer-Fruchteis
> Sahnehaube
> Erdbeersauce royal

Dekor aus frischen Erdbeeren und Mikadostäbchen

CRUNCHY NUT

Aufbau des Bechers:
> Rahmkaramell-Topping
> Schokoladen-Topping
> geröstete, gehackte Haselnüsse
> Sahnehaube
> 2 Kugeln Haselnuss-Milcheis
> 1 Kugel Vanille-Milcheis
> Nussmischung (leicht geröstete Cashewkerne, Haselnüsse, Pekannüsse, Pinienkerne)
> Sahnehaube
> Rahmkaramell-Topping
> Schokoladen-Topping
> Pinienkerne

Dekor aus karamellisierten Haselnüssen und Hohlhippe

JOGHURT COCKTAIL

Aufbau des Bechers:
> marinierte Erdbeeren
  (siehe Strawberry Cup)
> Erdbeersauce royal
> Fruchtjoghurt
> 1 Kugel Erdbeer-Fruchteis
> 1 Kugel Mango-Fruchteis
> Sahnehaube
> Erdbeersauce royal
> Frischfruchtdekoration

REZEPTUR FRUCHTJOGHURT

1.000 g	Joghurt 3,5 %
100 g	Schlagsahne 32 %
100 g	Vollmilch 3,5 %
140 g	Zucker
1 Prise	Salz
	Zitronensaft

HANNAH BANANA

Aufbau des Bechers:
> Schokoladen-Topping
> Sahnehaube
> Bananenscheiben
> 1 Kugel Bananen-Fruchteis
> 1 Kugel Schokoladen-Milcheis
> 1 Kugel Vanille-Milcheis
> Sahnehaube
> Schokoladen-Topping

Dekor aus Bananenscheiben, frischen Früchten und Hohlhippe

WILD BERRY CUP

Aufbau des Bechwers:
> Rote-Grütze-Variegato
> Sahnehaube
> 1 Kugel Joghurteis
> 1 Kugel Vanille-Milcheis
> 1 Kugel Himbeer-Fruchteis
> Rote-Grütze-Variegato
> gemischte Waldfrüchte
> Sahnehaube

Dekor aus Erdbeeren, Erdbeersauce royal und Hohlhippen

MARKGRÄFLER KIRSCHE

Aufbau des Bechers:
> abgebundene Sauerkirschen
> Sahnehaube
> abgebundene Kirschen
> Kirschwasser-Tränke (Läuterzucker mit Kirschwasser abgeschmeckt)
> 3 Kugeln Schokoladen-Milcheis
> Sahnehaube

Dekor aus Schokoladenornamenten, Schokoladenraspeln und Kirsche

EXOTIC FRUIT

Aufbau des Bechers:
- Sahnehaube
- 1 Kugel Mango-Fruchteis
- 1 Kugel Apfel-Fruchteis
- 1 Kugel Banane-Fruchteis
- Sahnehaube

Dekor aus verschiedenen Früchten und Schokoladenornament

LANDLUST

Aufbau des Bechers:
- Birnenspalten
- Sahnehaube
- 1 Kugel Apfel-Fruchteis
- 1 Kugel Vanille-Milcheis
- 1 Kugel Banane-Fruchteis
- Bananenscheiben
- Sahnehaube
- Rahmkaramell- und Schokoladen-Topping
- Physalis

SPAGHETTI- EIS

Aufbau des Bechers:
- Sahnehaube
- 3 Kugeln Vanille-Milcheis (mit der Spaghettipresse formen)
- Erdbeersauce royal
- weiße Schokoladenraspel

Dekor aus Himbeeren und Waffel

05

BIO-EIS, MARKETING UND BETRIEBS-WIRTSCHAFT

BIO-EIS

Wer beschließt, sein Sortiment mit Bio-Eis zu bereichern, der muss sich zunächst eingehend mit den Grundlagen beschäftigen: Wenn „Bio“, dann richtig! Es gibt eine Reihe von Bestimmungen und Wegen, wie man „Bio“ korrekt umsetzt, um damit erfolgreich zu sein. Zunächst gilt es, sich eingehend mit dem Begriff „Bio“ auseinanderzusetzen.

WARUM BIO?

Der Markt für Biolebensmittel in Deutschland wächst stetig weiter und umfasst inzwischen neben den klassischen „Bioläden“ auch die etablierten Lebensmittelhändler, welche häufig ein eigenständiges Biosortiment aufgebaut haben.

Der deutsche Bio-Markt erwirtschaftete im Jahr 2010 bereits knapp 6 Milliarden Euro, mit weiterhin steigender Tendenz. Bioprodukte sind längst Alltag geworden, und mit jedem weiteren Lebensmittelskandal steigt die Nachfrage nach unverfälschtem Essen. Allergien und Unverträglichkeiten nehmen in der Bevölkerung immer mehr zu. Sowohl Konsumenten als auch private Organisationen, wie beispielsweise Slow Food™ e.V., Food Watch™ e.V. und vegane Gesellschaft e.V. hinterfragen sehr kritisch die industrielle Nahrungsmittelherstellung und die Zusammensetzung der Produkte. Im Bereich der handwerklichen Speiseeisherstellung dringt die Bioverarbeitung langsam durch und bietet eine lukrative Marktnische für Neueinsteiger. Und gerade im handwerklichen Speiseeisbereich kann man eine Bioausrichtung ideal mit der Ursprünglichkeit der Rohstoffe, einer klassischen Herstellungsweise sowie innovativen Geschmacksrichtungen verbinden.

UMSATZENTWICKLUNG DER BIO-LEBENSMITTEL IN DEUTSCHLAND
(ohne Genussmittel- und Außer-Haus-Verzehr)

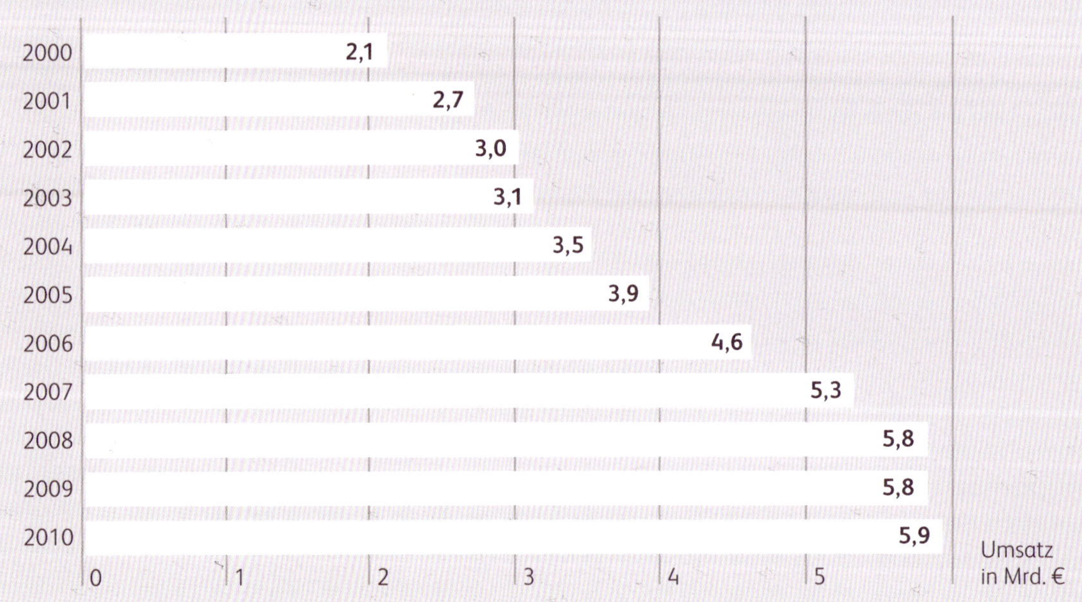

Quelle: Hamm, Universität Kassel, AMI, AC Nielsen, GfK

KOSTEN UND AUFWAND

Die Kontrollstelle überprüft einmal im Jahr den Betrieb und prüft stichprobenartig die Unterlagen zur Bioherstellung. In der Regel werden Lieferscheine und Produktionsaufzeichnungen kontrolliert und Warenflussberechnungen durchgeführt. Die Kontrolle dauert etwa zwei Stunden, je nach Qualität der Aufzeichnungen. Die jährlichen Kosten bewegen sich zwischen 300 und 400 €. Eine sauber geführte Dokumentation verkürzt den Kontrollaufwand und spart Kosten.

WELCHE BIOSIEGEL GIBT ES?

Grundsätzlich gibt es ein staatliches Biosiegel, herausgegeben vom Bundesministerium für Landwirtschaft und Ernährung. Dieses sechseckige Siegel ist bereits seit über zehn Jahren auf dem Markt und genießt ein hohes Vertrauen der Verbraucher. Im Zuge der EU-weiten Harmonisierung wurde 2010 ein einheitliches EU-Gemeinschaftslogo eingeführt. Dieses muss seit dem 1. Juli 2010 verwendet werden und gibt genauere Auskunft über die Herkunftsangabe der Zutaten. Zudem ist die Kontrollnummer der Kontrollstelle aufgeführt. In der Praxis werden weiterhin beide Siegel aufgeführt, da das deutsche Siegel bekannter ist.

ÜBERSICHT DER STAATLICHEN BIOSIEGEL

Bio nach EG-Öko-Verordnung

DEUTSCHES BIOSIEGEL
seit 2001 (freiwillig)

EU-GEMEINSCHAFTS-LOGO
seit 2010 (Pflicht)

Für die Verwendung der Bio-Siegel müssen 95 Prozent der Zutaten ökologischen Ursprungs sein. Die Begriffe "Bio" und "Öko" sind europaweit geschützt und dürfen nicht ohne Zertifizierung beworben werben. Ein Eishersteller, der Bio-Milch verarbeitet, aber nicht zertifiziert ist, darf sein Eis nicht mit Biobegriffen ausloben, beispielsweise: "Aus frischer Bio-Milch hergestellt".

Zusätzlich muss die Herkunft der Zutaten deklariert werden nach:

1. **"EU-LANDWIRTSCHAFT"**
   Anbauprodukte/Lebensmittel, die aus EU-Herstellung stammen

2. **"NICHT-EU-LANDWIRTSCHAFT"**
   Anbauprodukte/Lebensmittel, die von außerhalb der EU kommen

3. **"EU-/NICHT-EU-LANDWIRTSCHAFT"**
   Anbauprodukte/Lebensmittel, die teilweise aus der EU/Nicht-EU kommen

4. **"DEUTSCHE LANDWIRTSCHAFT"**
   Anbauprodukte, die aus deutscher Herstellung stammen

Für die Speiseeisherstellung kommen, je nach Rezept, hauptsächlich die folgenden beiden Deklarationen in Betracht:

In den meisten Fällen ist es: **"EU-Landwirtschaft"**.

BEISPIEL: Bio-Haselnusseis aus Bio-Milch und Bio-Sahne aus Deutschland, Bio-Haselnussmark aus Spanien und Bio-Rübenzucker aus Deutschland. Manchmal muss auch die Bezeichnung **"EU-/ Nicht-EU-Landwirtschaft"** verwendet werden.

BEISPIEL: Bio-Vanilleeis aus Bio-Milch und Bio-Sahne aus Deutschland, Bio-Vanilleschoten aus Madagaskar und Bio-Rohrzucker aus Brasilien.

ÜBERSICHT ÜBER DIE ANBAUVERBÄNDE

	Bioland	demeter	Naturland
SITZ	Mainz	Darmstadt	Gräfelfing
GEGRÜNDET	1971	1924	1982
BETRIEBE	5.233	1.388	2.214

	Gäa e.V. Ökologischer Landbau	BIOPARK® Ökologischer Landbau	bio kreis
SITZ	Dresden	Güstrow	Passau
GEGRÜNDET	1989	1991	1979
BETRIEBE	337	647	967

Neben den staatlichen Biosiegeln gibt es private Anbauverbände mit Vorschriften und Standards, die über die staatlichen Anforderungen hinausgehen. Um eines der Siegel verwenden zu dürfen, muss mit dem jeweiligen Anbauverband ein Vertrag geschlossen werden.

Mittlerweile sind über 10.000 Betriebe (Landwirtschaft, Handwerk, Lebensmittelhersteller) in Verbänden organisiert. Die Verbandssiegel sind Premium-Siegel und spiegeln eine ausgezeichnete Qualität der Nahrungsmittel wider. Die strengen Vorgaben der einzelnen Verbände, insbesondere auch in Tierschutz und artgerechter Haltung, genießen ein hohes Ansehen bei den Verbrauchern. Es ist ratsam, vorab ein Beratungsgespräch zu führen und die Rohstoffverfügbarkeit der jeweiligen Anbauverbände mit den eigenen Rezepturen auf Umsetzungstauglichkeit abzugleichen. In der Regel sind Rohstoffe, die über Bio-Milch, Bio-Sahne, Bio-Joghurt und heimischen Obstanbau hinausgehen, nicht verbandszertifiziert. Aus diesem Grund ist man in der Sortenvielfalt eingeschränkt und darf mit dem Verbandslogo das Speiseeis in der Vitrine nicht uneingeschränkt bewerben. Es gibt aber Ausnahmen, die man individuell klären muss, wenn Rohstoffe zum Beispiel aus natürlichen Gründen nicht in Deutschland verfügbar sind und mengenmäßig kein wesentlicher Rezeptbestandteil sind. Dies kann bei Bio-Vanilleeis oder auch Bio-Pistazieneis der Fall sein.

DIE UMSETZUNG DER ZERTIFIZIERUNG

SCHRITT 1: SIEGELAUSWAHL

Vor dem Beginn der kommerziellen Bio-Eis-Herstellung, muss der Betrieb zunächst zertifiziert werden und sich dafür einer Erstkontrolle unterziehen. Hierzu empfehle ich Ihnen, eine Kontrollstelle auszuwählen, die sich mit Ihren Anforderungen deckt. Eine wichtige erste Überlegung ist es, welche Biosiegel man führen will und welche Kontrollstelle diese auch überprüfen kann. Möchte man sich nur Bio-zertifizieren lassen und strebt keine zusätzliche Verbandszertifizierung an, kann man quasi jede Kontrollstelle auswählen. Möchte man aber später eventuell eine Verbandszertifizierung durchführen lassen, sollte man bereits im Vorfeld darauf achten, ob die ausgewählte Kontrollstelle beide Kontrollen, also Biokontrolle und Verbandskontrolle, durchführen kann. Dies spart Zeit und Gebühren für die jährliche Kontrolle.

Für die Erstkontrolle sollte man folgende Unterlagen vorbereiten:

> Bio-Rezepturen
> Bio-Zertifikate der Lieferanten
> Eingangsrechnungen/Lieferscheine der Lieferanten
> Produktionsaufzeichnungen
> ggf. Inventurdaten

Bei Außer-Haus-Verkauf von abgepacktem Speiseeis muss zusätzlich vorbereitet werden:

> Ausgangsrechnungen/Verkaufsaufzeichnungen
> Sortimentsliste

SCHRITT 2: ANPASSUNG DER VIER ELEMENTE IM WARENFLUSS: EINKAUF, LAGERUNG, PRODUKTION, VERKAUF

EINKAUF

Für die Verarbeitung von Bio-Eis dürfen ausschließlich ökologische Rohstoffe verwendet werden. Der Lieferant muss Bio-zertifiziert sein; dies muss mit einem gültigen Zertifikat nachgewiesen werden. Die Zertifikate der meisten Betriebe in Deutschland sind unter: www.bioc.info downloadbar oder direkt beim Lieferanten anzufordern.

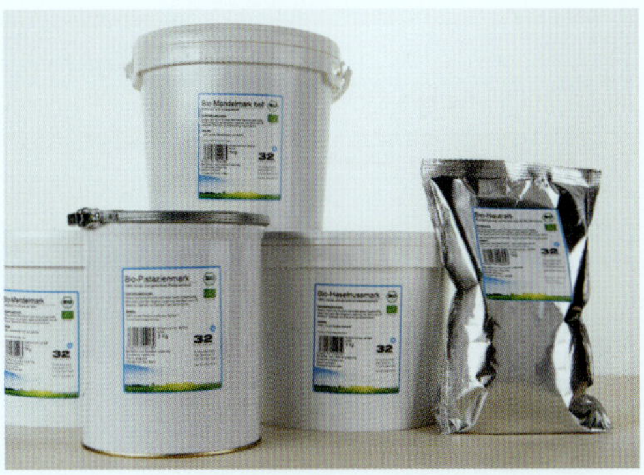

FOLGENDES GILT ES, BEI DER WARENANNAHME ZU BEACHTEN

> Name und Anschrift des Herstellers und /oder Verkäufers auf Lieferschein und Rechnung
> Verkehrsbezeichnung des Erzeugnisses mit Hinweis auf den ökologischen Landbau (Beispiel: "Bio-Schokotropfen") auf Lieferschein und Rechnung
> Codenummer der Kontrollstelle des letzten Aufbereiters auf Lieferschein und Rechnung
> Abhaken kontrollierter Lieferscheinpositionen

VORBEREITUNG

> Abgleich von Rezepturen und Rohstoffauswahl
> Beschaffung und Abheften von Lieferantenzertifikaten

LAGERUNG

Rohwaren müssen so gekennzeichnet werden, dass sie jederzeit auch für Nicht-Betriebsangehörige als biologische Rohwaren erkennbar sind. Biologische Produkte sind generell so zu lagern, dass eine Verwechslung, Vermischung oder Kontamination mit Produkten und Stoffen, die nicht der EU-Öko-Verordnung entsprechen, ausgeschlossen ist.

ZU BEACHTEN IN KÜHLZELLE UND TIEFKÜHLSCHRANK

> Bio- und konventionelle Ware nicht durcheinander lagern
> Verpackungsetiketten zur Sicherstellung der BIO-Kennzeichnung nicht entfernen
> Einen Regalbereich strikt für Bio-Ware reservieren und entsprechend kennzeichnen

VORBEREITUNG

> Lagerbereiche auswählen, freihalten und markieren
> Lagerbereiche mithilfe von Schildern optisch trennen
> Mitarbeiterunterweisung für die getrennte Lagerung

BIO-LAGER

PRODUKTION

Auch während der Produktion muss gewährleistet sein, dass keine Vermischung mit konventionellen Produkten erfolgt.

HINWEISE FÜR EINE PRAKTISCHE VORGEHENSWEISE

> Die Produktion von Bio-Eis separat durchführen; z.B. einen „Bio-Tag" einführen
> Die konventionelle Rohware vertauschungssicher lagern
> Erfolgt die Produktion am gleichen Tag: Erst „Bio", dann konventionell
> Bio-Eisschalen direkt mit einem entsprechenden Schild kennzeichnen und im Frostschrank gruppiert in einer eigenen Ebene lagern
> Die Anschaffung eines separaten Frostschranks oder Tiefkühlschranks ist nicht notwendig, solange die Trennbarkeit von anderen Produkten sichergestellt ist
> Bei ausschließlicher Herstellung von Bio-Produkten müssen Eisschalen nicht gesondert gekennzeichnet werden

VORBEREITUNG

> Aufzeigen anhand einer Grundriss-Planung, wie der Warenstrom geplant ist (Wo wird die Ware bevorratet? Wo wird sie verarbeitet und für den Verkauf gelagert?)
> Betriebsrezepturen abheften und zur Übung erste Probeaufzeichnungen für die Erstkontrolle erstellen
> Anschaffung von Aufklebern oder Schildern mit denen die Eisschalen unterschieden werden können
> Die Produktionsaufzeichnung muss mindestens enthalten: Datum, produzierte Menge, Sorte, Rezeptur

VERKAUF

Die Eisschalen müssen eindeutig mit dem EU-Bio-Logo gekennzeichnet sein. Es ist empfehlenswert, das Bio-Siegel gut sichtbar im Verkaufsbereich anzubringen, da es ein Qualitätssiegel ist und somit Ihre Produktqualität unterstreicht.

HINWEISE FÜR EINE PRAKTISCHE VORGEHENSWEISE

> Das Bio-Sortiment in einem separaten Bereich gruppieren
> Es muss mindestens das EU-Bio-Logo angebracht sein, das deutsche Siegel ist jedoch weiterhin gültig

VORBEREITUNG

> Erstellen von Bio-Etiketten für das Bio-Sortiment
> Bei Außer-Haus-Verkauf des Bio-Eises als Becher- oder Schalenware an Handel, Gastronomie oder Hotels muss zusätzlich beachtet werden: Die Verpackung muss neben den gesetzlichen Bestimmungen wie Inhalts- und Mengenangabe das EU-Bio-Logo mit persönlicher Kontrollstellennummer sowie Herkunftsangabe und Artikelbezeichnung mit dem Zusatz "Bio" enthalten

BEISPIEL: BIO-HASELNUSSEIS

DE-Öko-006
EU-Landwirtschaft

> Die Ausgangsrechnung/der Lieferschein muss mit der persönlichen Kontrollstellennummer versehen sein
> Die Artikelbezeichnung muss durch den Zusatz: "Bio" ergänzt werden. Es muss für die Ware eine Chargennummer vergeben werden; dies kann beispielsweise eine fortlaufende Nummer plus Produktionsdatum sein. In diesem Fall ist es wichtig, die Eingangschargen der Zutaten der jeweiligen Produktion zwecks Rückverfolgbarkeit zu erfassen. Dies ist eine wichtige Anforderung im HACCP-Konzept für die Lebensmittelverarbeitung

Es wird bei der Biokontrolle keine Umsatzauswertung verlangt; in der Regel wird anhand der Produktionsaufzeichnungen, der Rezepturen und des Wareneinkaufs stichprobenartig der Rohstoffverbrauch auf Plausibilität überprüft.

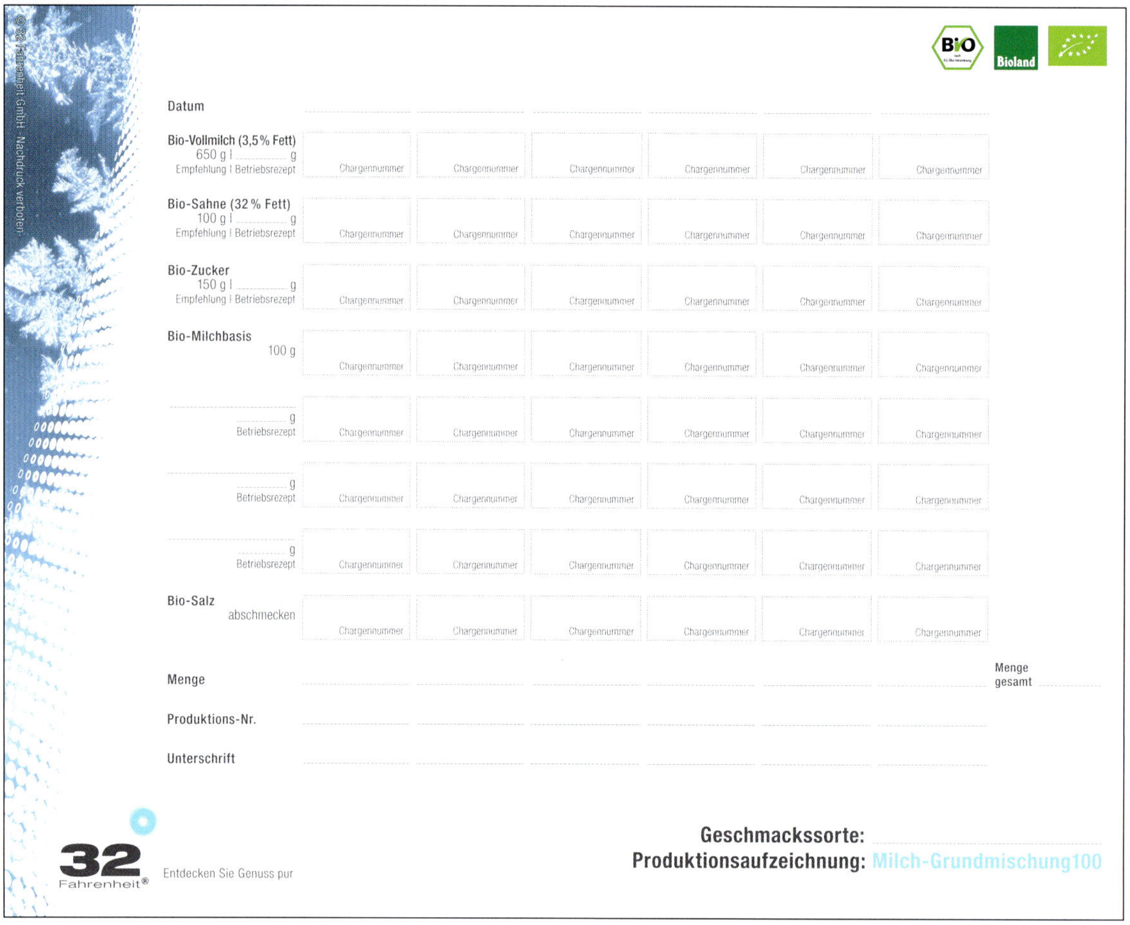

© 32 Fahrenheit GmbH · Nachdruck verboten ·

Datum						
Bio-Vollmilch (3,5 % Fett) 650 g I .... g Empfehlung I Betriebsrezept	Chargennummer	Chargennummer	Chargennummer	Chargennummer	Chargennummer	Chargennummer
Bio-Sahne (32 % Fett) 100 g I .... g Empfehlung I Betriebsrezept	Chargennummer	Chargennummer	Chargennummer	Chargennummer	Chargennummer	Chargennummer
Bio-Zucker 150 g I .... g Empfehlung I Betriebsrezept	Chargennummer	Chargennummer	Chargennummer	Chargennummer	Chargennummer	Chargennummer
Bio-Milchbasis 100 g	Chargennummer	Chargennummer	Chargennummer	Chargennummer	Chargennummer	Chargennummer
.... g Betriebsrezept	Chargennummer	Chargennummer	Chargennummer	Chargennummer	Chargennummer	Chargennummer
.... g Betriebsrezept	Chargennummer	Chargennummer	Chargennummer	Chargennummer	Chargennummer	Chargennummer
.... g Betriebsrezept	Chargennummer	Chargennummer	Chargennummer	Chargennummer	Chargennummer	Chargennummer
Bio-Salz abschmecken	Chargennummer	Chargennummer	Chargennummer	Chargennummer	Chargennummer	Chargennummer
Menge						
Produktions-Nr.						
Unterschrift						

Menge gesamt ....

32 Fahrenheit® Entdecken Sie Genuss pur

Geschmackssorte: ....

Produktionsaufzeichnung: Milch-Grundmischung100

MARKETING

Erfolgreiches Marketing umfasst zahlreiche Einzelaspekte, die bedacht werden müssen. Zunächst ist es jedoch unerlässlich, sich mit der Auswahl einer geeigneten Eisvitrine zu beschäftigen.

Beim Blick in die Vergangenheit fallen folgende Unterschiede der Eisvitrinen auf: Zunächst wurde das Eis direkt aus den vertikalen Produktionsgeräten verkauft. Die Auswahl war sehr übersichtlich und beschränkte sich meist auf 2 bis 4 Sorten, die aber stets frisch und köstlich waren. Dann wurden die ersten Thermo-Behälter in gekühlten Theken zur Aufbewahrung eingeführt. Sie waren häufig rund und meist mit zwei Sorten Eis bestückt, die sich beim Portionieren manchmal vermischten. Der Vorteil war, dass nun mehrere Sorten angeboten werden konnten; das Eis war jedoch für den Kunden nicht zu sehen, da es tief unten in der Kühlvitrine aufbewahrt und, durch Deckel abgedeckt, dunkel und luftdicht gelagert wurde. Als Nächstes folgten die Vitrinen mit der sehr tiefen Auslage in großen Edelstahlschalen; dies wurde jedoch rasch geändert und die Eisschalen aus der Tiefe der Vitrine an die Oberfläche geholt. Darauf folgte die Bestückung in flachen Schalen, mit einer leicht schrägen Neigung zum Gast und möglichst hoch aufgetürmt. Diese zunächst letzte Präsentationsvariante, kann, kunstvoll dekoriert, zum absoluten Blickfang werden. Achtung: Je höher das Eis aber über den Schalenrand steht, umso mehr Anstrengung muss unternommen werden, um zu vermeiden, dass Stabilität und Qualität des Produkts unter der Präsentation leiden. Ein Problem kann sein, dass nicht jede Umluftvitrine die nötige Kühlleistung aufbringt, um das aufgetürmte Eis gleichmäßig zu kühlen. Als Folge fällt das Eis zusammen. Darüber hinaus wird das Eis ständig von einem kalten Luftstrom umweht, die Oberfläche trocknet aus und das Eis bekommt eine unangenehm aussehende und schmeckende Haut.

Damit das auf diese Art präsentierte Eis in seiner Form gehalten werden kann, wird häufig durch pflanzliche Fette und Emulgatoren bereits bei der Produktion Einfluss genommen. Ich persönlich möchte keine Kompromisse in Sachen Qualität eingehen und nehme Abstand von dieser Art der Präsentation.

DIE EISVITRINE

Bei der Vielzahl verschiedener Modelle und Anbieter ist es für den Laien nicht einfach, ein für seine Zwecke optimales Modell zu finden. Die wichtigste Entscheidung vor dem Kauf betrifft das Gesamtkonzept des Betriebes, auf das die Verkaufsvitrine abgestimmt sein muss.

Grundsätzlich werden drei verschiedene Arten von Eisvitrinen unterschieden:

DIE STATISCHE ODER STILLE KÜHLUNG

Meist in kleinen Varianten mit bis zu sieben Eisschalen erhältlich, werden diese Eisvitrinen gern als Beistellvitrine und für die Eisbecherproduktion verwendet – nicht wegen ihrer Qualität, sondern fast immer aufgrund des geringeren Anschaffungspreises. Bei diesen Geräten wird in der Regel die Kälte nur im unteren Teil produziert, die Eisschalen hängen in einem sogenannten „Kälteschleier". Da Kälte nach unten fällt, ist das dort aufbewahrte Eis am Boden und den Seitenrändern meist erheblich fester als an der Oberfläche. Dadurch hat das Eis an unterschiedlichen Stellen auch unterschiedliche Konsistenzen. An der Oberfläche wird das Eis häufig weicher und nimmt einen nicht erwünschten Glanz an. Der Grund dafür ist die warme, während des Verkaufs in die Vitrine einfallende Luft. Das Eis taut leicht an und sieht deshalb nicht mehr ansprechend aus.

DIE UMLUFTGEKÜHLTE EISVITRINE

Diese Vitrine entspricht dem heutigen Standard für professionellen Eisverkauf und ist in den meisten Betrieben zu finden. Sie ist in allen nur denkbaren Modellen, Größen und Designs erhältlich. Leicht abgerundete Frontscheiben oder eckige Vollglasvarianten im Retrolook? Alle Wünsche bis hin zum futuristischen Acryl-Design können erfüllt werden. Allerdings sollte man dabei nie die technischen Details der Vitrine außer Acht lassen.

Einen höheren Preis im Vergleich zu Geräten mit statischer Kühlung rechtfertigt die Kühlung mit

Hilfe von Ventilatoren und speziell angeordneten Lüftungskanälen. Dies gewährleistet eine nahezu überall gleiche Temperatur, ober- und auch unterhalb der Eisschalen. Eine gleichmäßige Kühlung steht und fällt jedoch mit der Luftführung des jeweiligen Herstellers. Im Gegensatz zur statischen Kühlung kann das Eis in dieser Art von Vitrine in der gesamten Eisschale einen gleichmäßigen Schmelz und Cremigkeit erhalten. Somit ist eine Umluftvitrine immer die bessere Wahl.

RUNDBEHÄLTER

Diese Art von Vitrine kehrt wieder zu den Ursprüngen zurück und lässt wenig bis keine Einsicht auf das Produkt zu. In runden Edelstahlbehältern wird das Eis auf nostalgische Art präsentiert. Kontrovers diskutiert, findet diese Form des Eisverkaufs dennoch ihre Liebhaber. Edel aussehende und niedrige Verkaufsvitrinen lagern das Eis in seiner optimalen Form ohne störende Umgebungseinflüsse. Während der verkaufsruhigen Zeit werden die in einer statischen Kühlung gelagerten Eisbehälter mit Clochen (Hauben) abgedeckt. Die Vorteile dieser Vitrinenform sind klar zu sehen: Sie sind energiefreundlich, da keine warme Luft einfällt, die von Ventilatoren aufwendig heruntergekühlt werden müsste. Sie sind zudem geräuscharm, da das Aggregat weniger leisten muss und Lüfter nicht vorhanden sind. Qualitätsbewusst sind sie außerdem, da das Eis sich nicht verändert und sogar über Nacht in diesen Vitrinen gelagert werden kann.

Ich gebe gerne zu, dass ich ein großer Fan dieser Vitrine bin, in unserem eigenen Eiscafé in Werl aber leider noch nicht den Mut für diese Variante aufbringen konnte.

WORAUF SIE AUSSERDEM ACHTEN SOLLTEN

Falls möglich, kann die Eisvitrine mit einer externen Kältemaschine betrieben werden. In der Regel wird diese im Keller oder außerhalb des Ladenlokals installiert, wo ihr Betrieb und die damit verbundenen Nebengeräusche nicht stören. Dies hat den Vorteil einer geräuscharm laufenden Eisvitrine im Verkaufsraum; es kommt außerdem zu einer geringeren Produktion von warmer Abluft, was gerade im Sommer von großem Vorteil ist.

Beim Kauf der Eisvitrine muss unbedingt auf die Abmessungen der Eisschalen geachtet werden. Die Standard-CNS-Schalen haben ein Volumen von 5 Litern Inhalt und eine Länge von 36 cm. Die Standardschale hat weder Back- noch Gastronorm-Abmessungen, auch wenn sie rein optisch so aussieht. Weitere Zubehörteile wie Transportkisten oder Eislagerschränke sind auf diese Schalenlänge ausgerichtet.

Bei der Auswahl der passenden Portionierspüle ist es ratsam, ein wassersparendes Modell einzusetzen. Es sollte lediglich durch Druck des Eisportionierers funktionieren, ähnlich wie ein Gläserspülsystem, und bis zu 150 Liter Frischwasser pro Tag im Gegensatz zu den herkömmlichen Durchlaufspülen einsparen können. Dieses Gerät macht außerdem durch eine integrierte Gummileiste, die zum Abklopfen der restlichen Wassertropfen dient, den unhygienischen Einsatz von Schwämmen oder Tüchern überflüssig.

COLD STONE

Eine besondere Art des Eisverkaufs ist der sogenannte Cold Stone. Diese aus den USA importierte Variante des Show-Verkaufs erfordert einen ausgesprochen interessanten Standort und viel Routine.

Auf einer tiefgekühlten Granitplatte wird das Eis mit frischen Früchten, Streuartikeln, Schokolade oder Saucen aufgewertet. Aus wenigen Basiseissorten lassen sich durch Spachteln des Eises Hunderte Varianten, speziell auf Kundenwunsch zugeschnitten, herstellen.

Natürlich bringt diese personalisierte Variante einen längeren Verkaufsvorgang mit sich und muss demnach einen entsprechenden Verkaufspreis einbringen. Sie sollte gesondert vom typischen Eisverkauf präsentiert werden. Laufkundschaft sowie ein exklusiver Standort der Vitrine sind Voraussetzung.

DER OPTIMALE STANDORT DER EISVITRINE

Da der Speiseeiskauf häufig ein Impulskauf ist (d. h., der Verbraucher geht in der Regel nicht gezielt in ein Geschäft und plant diesen Einkauf), muss der Kunde auf das Eis aufmerksam gemacht werden. Ein Hinweisschild ist meist nicht ausreichend. Der potenzielle Käufer muss möglichst über das Eis „stolpern". Wird das Eis zusätzlich attraktiv offeriert, entscheidet er sich spontan für den Kauf. Diese Spontaneität ist auch durch entsprechende Werbemittel beeinflussbar.

Die Werbung für das Eis sollte daher immer darauf ausgerichtet sein, dem Kunden sofort offenzulegen, dass es sich bei Ihrem Eis um ein handwerklich hergestelltes Eis handelt. Von dem Zusatz „frisch" sollten Sie absehen; Frische setzt der Kunde ohnehin voraus.

Im typischen Eiscafé wird der Kunde schnell zum Kauf animiert, da das einzige angebotene Produkt direkt einzusehen ist. Hier wird durch große, zu öffnende Schaufenster der Fensterverkauf beworben. Angebotsschilder und bunte Accessoires werben, beleuchtet oder unbeleuchtet, für das handwerklich hergestellte Eis.

In anderen Betrieben wie Konditoreien, Cafés oder Bäckereien hat es der Inhaber wesentlich schwerer, seine Kundschaft von der guten Qualität seines Speiseeises zu überzeugen. Diese Unternehmen haben jedoch den Vorteil, dass die Kundenfrequenz wesentlich höher ist als im Eiscafé, da die Kunden aus anderen Gründen, nämlich zum Kauf von Kuchen, Brot oder anderen Produkten, in das Geschäft kommen. Somit muss besonders auf das selbst hergestellte Speiseeis aufmerksam gemacht werden.

Eine der zentralen Fragen ist die des Standorts der Verkaufsvitrine und der Eispräsentation. Während im reinen Eiscafé die Eisvitrine immer im Mittelpunkt steht und als Blickfang für den eintretenden Kunden dient, wird in Geschäften mit anderen Schwerpunkten am Fenster meist eine zweite Vitrine für den Straßenverkauf positioniert. Dies erleichtert den schnellen Eisverkauf wesentlich. Da zum Beispiel in der Konditorei der Verkauf von Backwaren, Kuchen, Torten und Pralinen im Vordergrund steht, wird aus diesem Grund der Verkauf von Eis meist nicht genügend in die Ladenplanung einbezogen, und die Eisvitrine erhält einen Standort im hinteren Thekenbereich, der für dieses Geschäft nicht geeignet ist.

Wichtig ist, dass der potenzielle Konsument (auch Kinder berücksichtigen!) durch direkte Einsicht in die Eisvitrine zum Kauf animiert wird. Die Eisvitrine muss also eine zentrale Position einnehmen und für das Verkaufspersonal ebenso leicht zugänglich sein wie die Kuchentheke. Die Auslage der Vitrine sollte zum Kunden gerichtet sein, um zu vermeiden, dass sich der Verkäufer während des Verkaufsvorganges vom Käufer abwendet. Der Bereich um die Eistheke sollte freundlich und übersichtlich gestaltet und die entsprechenden Eissorten durch Thekenschildchen ausgezeichnet sein. Der Gesetzgeber verlangt die entsprechende Deklaration des Speiseeises, die auf einer Tafel im direkten Blickfeld des Käufers angebracht sein sollte.

Zusätzlich muss dem Kunden auf Nachfrage eine sogenannte Zusatzstofftabelle ausgehändigt werden. Darin sind für jede Eissorte alle Zusatzstoffe erfasst und beschrieben. Besonders wichtig für den Allergiker und den gesundheitsbewussten Kunden, ist diese Liste jedoch auch eine effektive Werbemaßnahme. Denn wo keine Zusatzstoffe verarbeitet werden, muss auch nichts deklariert werden!

Sommerbestückung

Winterbestückung

EISSORTEN UND GESTALTUNG DER EISVITRINE

Das reine Eiscafé kann durch seinen hohen Eisabsatz eine große Vielfalt anbieten.

Eisvitrinen mit mindestens 18 verschiedenen Geschmacksrichtungen sind deshalb nichts Außergewöhnliches. Große Eiscafés bieten sogar bis zu 40 verschiedene Kreationen an. Diese Vielfalt birgt jedoch die Gefahr, dass ausgefallenere Sorten zum Ladenhüter werden können, da sie nicht so schnell verkauft werden wie die gängigen Sorten. Des Weiteren benötigt eine derartige Vielfalt ein besonderes Management. Es ist wichtig, dass die Eiskarte mit den angebotenen Eisbechern so gestaltet wird, dass es zumindest teilweise dem Verkaufspersonal obliegt, welches Eis in einem Becher verarbeitet wird. Exotische Eissorten, die aufgrund ihrer längeren Lagerzeit an Qualität verlieren würden, können so in verschiedenen Eisbechern verwendet werden.

Hinzu kommt, dass der Straßenverkauf im Hörnchen oder Becher auch längere Zeit in Anspruch nimmt, je größer das Angebot ist. Der Kunde hat die Qual der großen Auswahl und benötigt für seine Kaufentscheidung mehr Zeit.

Wie viele Eiskreationen im Einzelfall angeboten werden, entscheiden Betriebsgröße, die Lage sowie Kundenfrequenz des Eiscafés. Als Standardsorten sollten folgende Geschmacksrichtungen in jeder Eisvitrine zu finden sein: Vanille, Haselnuss, Schokolade, Stracciatella, Joghurt, Erdbeere und Zitrone.

Das restliche Angebot wird im Wesentlichen durch die Jahreszeit bestimmt. Im Sommer werden fruchtige Eissorten und Variationen von Joghurteis bevorzugt. In den Übergängen zu Frühjahr und Winter kommen häufig dunklere, gehaltvollere Eissorten wie Nugat, Gianduja, Rahmkaramell oder Trüffeleis ins Sortiment. In der Weihnachtszeit sind die Favoriten eindeutig: Honig-, Zimt-, Pralinen-, Marzipan-, Lebkuchen- oder Printeneis sind die Favoriten.

Bei der Präsentation in der Eisvitrine ist auf zwei Dinge zu achten:

Das Eis sollte nicht gleichmäßig, glatt und einfallslos eingestrichen in der Edelstahlschale ausgestellt werden. Genau wie eine Torte oder ein Sahnedessert kann auch Eis direkt bei der Entnahme aus der Eismaschine garniert werden.

Durch einfaches wellenartiges Einstreichen oder kugelförmige Entnahme bekommt das Eis eine attraktive Oberfläche. Auch die Bearbeitung mit einem Kammhörnchen kann die Eisoberfläche auf leichte Art zum Blickfang machen.

Die Dekoration mit kleinen Zutaten wie zum Beispiel Karamellstückchen, diversen Saucen, Fruchtstücken, Schokoladendekor, Haselnuss- oder Walnussstücken macht die Eisvitrine zum verlockenden Werbeträger.

Außerordentlich wichtig ist es, darauf zu achten, dass sich keine weniger als bis zur Hälfte gefüllte Eisschale in der Eisvitrine befindet, denn dies wirkt verkaufshemmend. Sorgen Sie dafür, dass die Eisschalen gerade in der Übergangszeit immer gut gefüllt und ansprechend dekoriert sind.

Für die Anordnung der verschiedenen Eissorten in der Eisvitrine gibt es keine besonderen Regeln. Trotzdem sollte immer darauf geachtet werden, dass ein farbliches Zusammenspiel und eine gewisse Harmonie in Bezug auf Farbe und Dekoration vorhanden sind. So sollten die farbigen Fruchteissorten immer zwischen die hellen Sorten, wie Vanille oder Joghurt, und die dunklen wie Schokolade und Haselnuss, als auflockernde Trennung gesetzt werden. Mit stückigen Zutaten garniertes Eis sollte gut mit nicht dekoriertem variieren.

Beleuchtete, saubere und einheitlich gestaltete Thekenschilder, mit den entsprechenden Eisnamen versehen, vervollständigen den optischen Kaufanreiz. Gestalten Sie die Eisvitrine durch einen attraktiven Eishörnchenständer und ein wenig Dekor wie einen eigenen kleinen Verkaufsbereich in Ihrem Geschäft.

BETRIEBSWIRTSCHAFTLICHE ASPEKTE

Bei näherer Betrachtung des Rohstoff- bzw. Materialeinsatzes von handwerklichem Speiseeis stellt man fest, dass durch eigene Herstellung hohe Gewinne erzielt werden können. Es müssen jedoch viele Aspekte gründlich bedacht werden, bevor man sich zu diesem Schritt entschließt. Teilweise ist es ein Neuanfang für Berufsfremde, teilweise Imagepflege, manchmal auch eine Leidenschaft, die erfüllt werden möchte. Wer Speiseeis selbst herstellt, sollte wissen, dass es nicht nur um das „Mischen" einiger Produkte geht, sondern vielmehr um eine Verpflichtung dem Kunden gegenüber, dessen Wünsche und Bedürfnisse zu realisieren.

Zunächst ist eine genaue und spezifische Kalkulation notwendig. Eine Standardkalkulation erweist sich als schwierig, da verschiedene Kosten nicht pauschal erfasst werden können und im speziellen Einzelfall analysiert werden müssen. Die Frage des Mietzinses ist ein nicht unerheblicher Faktor bei der Kalkulation, genauso wie die Lage und die Größe des Ladenlokals.

Auch die Personalfrage gehört zu den großen Unbekannten. Grundsätzlich kann man den Materialeinsatz kalkulieren. Hierbei sollten nur hochwertige Rohstoffe berücksichtigt werden, ebenso wie ein durchschnittlicher Luftaufschlag des Eises, der bei etwa 25 Prozent liegt. Da die Rohstoffpreise sich in den letzten Jahren nicht wesentlich verändert haben, lassen sich recht genaue Berechnungen der Materialkosten anstellen.

KALKULATIONSBEISPIELE

Bei den beiden Beispielanalysen, die nachstehend vorgenommen werden, bemerkt der Fachmann sicher sofort, dass die Rohstoffpreise relativ hoch angesetzt wurden. Es soll auf diese Weise der Eindruck vermieden werden, dass – wie bei zahlreichen Kalkulationen der Fall – eine allzu positive Sichtweise aufgezeigt wird:

KALKULATIONSSCHEMA FRUCHTEIS ERDBEERE

GRUNDSTOFFE	MENGE IN G	PREIS PRO KG	GESAMTPREIS
ERDBEEREN TK	1.750	2,50 €	4,38 €
WASSER	1.080	7,00 € pro m³	0,01 €
ZUCKER	800	0,65 €	0,52 €
MAGERMILCHPULVER	60	3,30 €	0,20 €
TROCKENGLYKOSE	120	1,20 €	0,14 €
FRUCHTBASE 30	120	8,50 €	1,02 €
ZITRONENSAFT	70	2,20 €	0,15 €
GESAMT	**4.000**		**6,42 €**

4.000 g + 25% Overrun = **5,00 Liter Eis**

6,42 € : 5,0 Liter = **1,28 € pro Liter Eis**

1,28 € : 12 Kugeln pro Liter Eis = **0,11 € pro Kugel Eis**

Die erzielbare Eiskugelmenge ergibt sich durch einen 1/36-Portionierer mit gut ausgeformten runden Kugeln. Durch den sehr hohen Anteil an TK-Erdbeeren zeigt die Kalkulation eine gute Qualität an. Durch den hohen Fruchtgehalt der kalkulierten Sorte könnte man sie durchaus als Sorbet bezeichnen. Diese Berechnung spiegelt eine gängige Grundregel vieler Eishersteller wider, die besagt:

VERKAUFSPREIS = MATERIALEINSATZ MAL 12

KALKULATIONSSCHEMA MILCHEIS HASELNUSS

GRUNDSTOFFE	MENGE IN G	PREIS PRO KG	GESAMTPREIS
MILCH	2.950	0,70 €	2,07 €
ZUCKER	650	0,65 €	0,42 €
DEXTROSE	120	1,15 €	0,14 €
TROCKENGLUKOSE	80	1,20 €	0,10 €
INULIN	60	4,20 €	0,25 €
HASELNUSSMARK	280	18,00 €	5,04 €
MILCHBASE 30 G	120	9,00 €	1,08 €
GESAMT	**4.260**		**9,10 €**

4.260 g + 25% Overrun = **5,33 Liter Eis**

9,10 € : 5,33 Liter = **1,71 € pro Liter Eis**

1,14 € : 15 Kugeln Eis pro Liter = **0,14 € pro Kugel Eis**

Haselnusseis ist aufgrund des Rohstoffs preisintensiv. Da einige Sorten wesentlich unterhalb der 0,10 € liegen, bevorzugen die meisten Eishersteller eine Mischkalkulation aller Eissorten und finden einen Verkaufspreis in der losen Abgabe, der deutschlandweit mittlerweile 1,10 bis 1,50 € beträgt.

Selbst bei einem prozentualen Zuschlag (Betriebskosten) auf den Materialeinsatz in Höhe von 300 Prozent ist das handwerkliche Speiseeis kalkulatorisch immer noch interessant. Aber vom Kalkulieren alleine kann man bekanntlich nicht leben. Einzig die Verkaufsmenge ist wichtig. Ohne ausreichenden Absatz nützt der beste theoretische Gewinn nichts.

Ein Hauptkostenfaktor wurde bisher noch nicht berücksichtigt: Alle Berechnungen basieren auf dem Netto-Einkauf des Unternehmers. Bei Abgabe für den Außer-Haus-Verzehr muss eine Umsatzsteuer in Höhe von 7 Prozent abgeführt werden. Bei In-Haus-Verzehr werden 19 Prozent fällig. Für die Berechnung des Verkaufspreises pro Kugel oder Portion muss dies in jedem Fall berücksichtigt werden. Da der Kunde den höher veranschlagten Preis beim In-Haus-Verzehr manchmal nur sehr schwer akzeptiert, wird teilweise mit unterschiedlichen Portionierer-Größen gearbeitet, die mit verschiedenfarbig gekennzeichneten Einsätzen versehen werden. So erhält der Kunde beim To-Go-Geschäft eine größere Kugel als im Eisbecher beim Verzehr im Haus.

AUSBEUTE

Die Ausbeute kann bei älteren, härteren und/oder weicheren Eissorten gravierende Unterschiede aufweisen. Auch der menschliche Faktor ist nicht zu unterschätzen. Jeder Mitarbeiter wird unterschiedlich große Kugeln ausformen. Aus diesem Grund sollte das fachgerechte Eisportionieren geübt werden.

Im Folgenden einige Beispiele für Standard-Portionierer-Größen und die Ausbeute pro Liter Eis: Bei jedem professionellen Eisportionierer ist die Löffelgröße entweder am Griff oder am Abstreifer aufgebracht. Es stehen Größen von 1/70-stel bis 1/10-tel zur Auswahl. Je kleiner die zweite Zahl, desto größer die Kugel. Für die Kalkulation muss bedacht werden, dass eine 1/36stel-Portionierer-Größe nicht 36 Kugeln pro Liter Eis bedeutet, sondern 36 Halbkugeln. Hiervon sollte immer noch ein Verlust von etwa 20 Prozent abgezogen werden, denn ein Rest verbleibt immer im Portionierer bzw. in der Eisschale. Dies bedeutet also: 1/36stel : 2 = 18 Kugeln abzgl. 20 Prozent = 12 Kugeln effektiv. Dies ist eine realistische Einschätzung der tatsächlich zu erhaltenden Portionen.

Ein Versuch mit 4 Testpersonen hat ergeben:

> Portioniert wurden je 1 Milcheis und ein Fruchteis mit 3 unterschiedlich großen Portionierern.
> Bei der Größe 1/30-stel ergab sich die geringste Kugelausbeute mit dem höchsten Kugelgewicht.
> Bei der Portionierergröße 1/36-stel ergab sich die geringste Ausbeute mit dem niedrigsten Kugelgewicht.
> Der Portionierer mit der Größe 1/40-stel lag kurioserweise genau in der Mitte.

STREICHEN STATT KUGELN?

Eine Alternative zur Eiskugel ist das Aufstreichen mit dem Portionierlöffel. Hierbei müssen jedoch alle Faktoren exakt stimmen: Die Eiskonsistenz sowie die Einstellung der Vitrine müssen perfekt sein, um ein cremiges und geschmeidiges Eis auf die Waffel streichen zu können.

VORTEILE

> Es ist keine Duschanlage vonnöten; durch diese „wasserlose“ Alternative geraten keine störenden Eiskristalle in das Speiseeis.
> Für jede Sorte gibt es nur einen Löffel, der verhindert, dass sich Sorten miteinander vermischen.

NACHTEILE

> Viel Training ist nötig, da je nach Mitarbeiter unterschiedliche Portionsgrößen entstehen, außerdem eine unterschiedliche Optik.
> Gespachteltes Eis wiegt für gewöhnlich mehr als eine Kugel, was eine Preisanpassung erforderlich macht.

DIE INVESTITIONSKOSTEN

Wie viel Eis ein Eishersteller pro Jahr mindestens umsetzen muss, wird hauptsächlich anhand der zu ermittelnden Fixkosten und der Größe eines Betriebes errechnet. Während der Speiseeisverkauf in einer Konditorei oder einem Café nur einen geringen Teil des kompletten Warenangebots ausmacht, muss der Betreiber eines Eiscafés fast ausschließlich vom Verkauf seiner Eisspezialitäten existieren und deshalb einen wesentlich höheren Umsatz erzielen.

Aus diesem Grund sind auch die Investitionskosten für größere Produktionsgeräte und Verkaufsvitrinen entsprechend höher. Eine Konditorei, die die räumlichen Voraussetzungen erfüllt, könnte durchaus mit einem Investitionsvolumen von etwa 30.000 € (Stand bei Drucklegung des Buches 2016) für die Anschaffung einer effizienten Eismaschine und einer kleinen Eisvitrine auskommen. In einem reinen Eiscafé vervielfacht sich diese Summe, denn die vom Gesetzgeber geforderte Ausstattung der Produktionsräume schlägt bereits erheblich mehr zu Buche als bei einem Bäcker oder Konditor mit bereits vorhandenen Produktionsräumen. Allein die technische Ausstattung des Eislabors wird nicht unter 40.000 € zu beschaffen sein.

An dieser Stelle sind auch die größten Schwierigkeiten eines Neueinsteigers zu sehen. Nicht bedachte hygienische und organisatorische Einrichtungen des Eislabors, eine unordentlich ausgeführte Wasserinstallation oder die fehlende Grundausstattung mit Wand- und Bodenfliesen führen häufig zu Beanstandungen der zuständigen Behörden mit ernsten finanziellen Folgen. Es ist von äußerster Wichtigkeit, sich zuerst bei den zuständigen Ämtern zu informieren, um dann ordnungsgemäß planen und die Einrichtung ordern zu können.

TIPPS FÜR DEN MASCHINENKAUF

Bei der Auswahl der richtigen Geräte für die Produktion von Speiseeis bieten regionale Großhändler die gesamte Bandbreite der in Frage kommenden Produkte und Maschinen an. Zunächst sollte die Frage geklärt werden, welche Gefriermethode persönlich bevorzugt wird. Ist es eher die traditionelle oder moderne Vertikalmaschine oder wird die Horizontalfreezertechnik bevorzugt?

Die richtige Wahl der Eismaschine ist nicht einfach. Jeder Hersteller preist sein Produkt als das Beste an, natürlich immer zu „besten" Einkaufs- und Servicekonditionen. Den Überblick zu behalten, fällt da nicht immer leicht. Wie bereits beschrieben, ist jedes Gerät in der Lage, auf die eine oder andere Art Eis zu produzieren.

Als wichtiger Tipp sei angemerkt, dass Sie nach dem Kauf einer Anlage immer in der Lage sind, ohne großen finanziellen Verlust eine kleine Maschine gegen ein größeres Gerät auszutauschen. Müssen sie jedoch umgekehrt verfahren, weil Sie sich in der Größe der Maschine sowie im erwarteten Umsatz verschätzt haben, verlieren Sie fast immer einen erheblichen Wert.

Bedenken Sie auch, dass nicht alle Eismaschinen in der Lage sind, wesentlich weniger als die Hälfte der maximalen Einfüllmenge zu verarbeiten. Probleme könnten dann starker Materialverschleiß der Abstreifer am Rührwerk oder eine schlechte Eisqualität durch zu schnelles Gefrieren sein. Bei zu wenig Eismix im Gefrierzylinder kann sich das Eis bei einigen Anlagen nicht mehr entwickeln und mit genügend Luft anreichern. Bei der Ermittlung der richtigen Größe der Eismaschine sollte man immer auch das Fassungsvermögen der Eisschalen in die Überlegungen mit einbeziehen. Grundsätzlich ist es ratsam, in 5-Liter-Schritten zu rechnen, da im Wesentlichen ab 5 Liter Behälterinhalt die nächsthöhere Gerätekapazität erreicht wird. (5 Liter, 10 Liter, 15 Liter usw.) Es nützt dem Eishersteller demnach wenig, über ein Produktionsgerät mit 8,5 Litern fertigem Eisvolumen zu verfügen, wenn die dazu benötigte Eisschale entweder bei 7,5 Liter zu voll oder bei 10 Liter zu leer wäre.

Aus diesem Grund ist es von Vorteil, sich zuerst über eine entsprechende Eisvitrine zu informieren, bevor man über die Größe der Eismaschine nachdenkt.

AUSSTELLUNGEN UND FACHMESSEN

Wer zur **TRADITIONELLEN EISMESSE** nach Norditalien reist, die derzeit immer Ende November ihre Pforten öffnet, sollte ausreichend Zeit mitbringen. Sie findet seit 1959 jährlich in Longarone bei Belluno statt und dauert vier Tage. Hier sind nahezu alle Firmen vertreten, die Eisrohstoffe, Arbeitsgeräte, Einrichtungen und Werbemittel rund um das Thema Eis anbieten.

Allerdings sollte hier nicht der Kauf im Vordergrund stehen, sondern der Kontakt zu anderen Eisherstellern, das Sammeln von Informationen über Technik, Verarbeitung und Dekoration. Und Sie sollten jede Menge Eis verkosten.

Die **MIG** (Mostra Internazionale del Gelato) ist für Eisliebhaber ein Schlaraffenland.

Die flächenmäßig größere Ausstellung findet (Turnus derzeit jährlich) in Rimini statt. Auf der **SIGEP** werden neben kompletten Ladenausstattungen und großzügigen Maschinenständen auch Produkte rund um die Konditorei, sowie Schokoladenprodukte angeboten.

Weitere Fachmessen, auf denen Speiseeis ein Thema ist, im Überblick:

> Intergastra in Stuttgart: Turnus, alle 2 Jahre im Februar
> Gelatissimo in Stuttgart: zeitgleich mit der Intergastra
> Internorga in Hamburg: Turnus, jährlich im März

06

HYGIENE, HACCP-KONZEPT UND MERKBLÄTTER

von Sybille Heuel und Uwe Koch

DAS HACCP-KONZEPT (EIGENKONTROLLMASSNAHMEN)

HACCP (Hazard Analysis and Critical Control Points) ist für die meisten lebensmittelverarbeitenden Betriebe noch ein Fremdwort. Dies wird sich aber in Kürze ändern, da zukünftig alle lebensmittelverarbeitenden Betriebe verpflichtet sind, nachweislich Gefährdungsanalysen und Kontrollmaßnahmen durchzuführen.

Für jedes gefertigte Produkt muss eine Dokumentation erstellt werden, mit dem Ziel, die kritischen Kontrollpunkte zu finden und zu analysieren. Jeder Produzent von Lebensmitteln soll dabei die kritischen Punkte seines Betriebes im Rahmen von Verarbeitung und Produktion herausfinden und beheben. Wurden diese kritischen Punkte ermittelt, können die Gefahren eliminiert bzw. die Risiken vermindert werden. So müssen eine Wareneingangskontrolle, Transportmittel, Lagerbedingungen, Erhitzungstemperaturen, Herstellungsmethoden usw. zur Dokumentation gehören. Diese Dokumentationen werden von den Lebensmittel-Überwachungsämtern kontrolliert. Die Dokumentation gehört ebenso zur Sorgfaltspflicht wie z.B. die Deklaration eines Produktes. Nicht sachgemäß geführte Dokumentationen können u.U. Strafen nach sich ziehen.

MÖGLICHE GEFAHRENZONEN IM EISLABOR

1. Gefriergeräte: Horizontal- und Vertikalfreezer
2. Kombinierte Geräte: Pasteurisierer und Freezer (Ein- oder Zwei-Kessel-System)
3. Pasteurisierer
4. Softeismaschinen
5. Eisvitrine
6. Portionierspüle

HORIZONTALFREEZER

Der Name Horizontalfreezer leitet sich ab von der waagerecht angeordneten Gefriertrommel in diesem Gerät. Aufgrund der leichten Handhabung sind diese Gefriergeräte auf dem Markt mittlerweile am meisten verbreitet. Da sie nur aus wenigen Einzelteilen bestehen, sind sie in der Regel leicht zu demontieren und zu reinigen.

Allerdings existieren noch ältere Modelle, die nur durch umständliche Verschraubungen an den Frontdeckeln zu öffnen und zu reinigen sind, sodass die Reinigung vom Anwender entsprechend ungern und selten durchgeführt wird.

Jeder Frontdeckel einer Eismaschine ist mit speziellen Dichtungen für den Zylinder und die Entnahmeklappe ausgerüstet. Diese Dichtungen sollten nach jedem Produktionsvorgang vom Deckel entfernt, gereinigt und desinfiziert werden. An dieser Stelle kommt es sehr häufig zu Verkeimungen, da die Reinigung vernachlässigt wird.

In den Frontdeckeln selbst, die teilweise aus Kunststoff bzw. aus Edelstahl bestehen, sind die Dichtungsfugen der keimgefährdete Bereich. Durch Spülen nach der Produktion und durch fachgerechtes Desinfizieren kann hier die Gefahr auf ein Minimum reduziert werden.

Eine weitere Keimgefahr geht vom Motoranschluss des Rührwerks im Gefrierzylinder aus. Das Rührwerk ist zwar in der Regel durch eine Silikondichtung vom Antrieb getrennt, doch auch diese Dichtung muss regelmäßig entfernt, gereinigt und desinfiziert werden. Der Antrieb selbst sondert Schmierstoffe ab, die bei einer porösen Stelle sofort in den Eismix abgegeben werden. Im Laufe des Produktionsvorgangs gelangt sehr häufig ein wenig Eismix hinter diese Dichtung. Einige Maschinenhersteller haben aus diesem Grund oftmals eine Art Ablaufkanal an den Geräten installiert. Darüber läuft der Eismix in eine Auffangschale, die täglich gereinigt werden sollte. Der Kanal sollte ebenfalls regelmäßig mit warmem Wasser und Reinigungsmitteln durchgespült werden. Es besteht zwar keine direkte Gefahr der Beeinflussung des

Speiseeises bei der Produktion, es können sich jedoch starke Keimnester bilden. Schlimmstenfalls tauchen am Antrieb und im gesamten Ablaufkanal Maden und andere kleine Schädlinge auf, die sich im Eislabor verbreiten können.

Die Rührwerke der Horizontalfreezer bestehen in der Regel aus zwei oder drei Edelstahlblättern. Diese besitzen entweder Kunststoffabstreifer oder Abstreifer aus Metall mit einer Auflage aus Bronze. Normalerweise sind die Abstreifer fest montiert, doch gibt es einige Geräte, bei denen sie leicht zu entfernen sind.

Da das Rührwerk das einzige Werkzeug innerhalb des Gefrierzylinders mit Verkantungen ist, muss der Anwender an dieser Stelle auf regelmäßiges Reinigen und Desinfizieren achten. Hinter den Abstreifern setzen sich oftmals Fruchtteilchen oder kleinere, stückige Zutaten aus der Eisproduktion ab, die sich nur durch intensives Spülen (nicht immer ist die Spülmaschine ausreichend) entfernen lassen. Nach dem Reinigungsprozess ist auch hier ein Desinfizieren zu empfehlen.

VERTIKALFREEZER

Als Vertikalfreezer wird die traditionelle Speiseeismaschine bezeichnet, bei der die Gefriertrommel senkrecht angeordnet ist. Sie verschwindet zunehmend vom Markt, da die Eisproduktion nur durch qualifiziertes Personal durchgeführt werden kann und eher mühsam ist. Die hygienischen Probleme dieser Geräte liegen wohl hauptsächlich im Zylinderbereich, der nach oben hin offen ist. Bei älteren Geräten können leicht Schmierstoffe vom Antrieb, der direkt oberhalb des Zylinders sitzt, herabtropfen und den Eismix verunreinigen. Auch ein Überlaufen der Sole ist bereits vorgekommen.

Mittlerweile sind seitens der Maschinenhersteller Schutzmaßnahmen getroffen worden: durch Versiegelung des Solebehälters oder den Umbau des Antriebkopfes. Eine große Gefahr geht allerdings immer noch von der Entnahme des Produkts, durch häufigen Kontakt mit Händen und Werkzeugen des Anwenders aus. Sind bis vor Kurzem noch Holzspatel zur Eisentnahme zum Einsatz gekommen, dürfen mittlerweile nur noch Kunststoffspatel mit einer glatten Oberfläche eingesetzt werden.

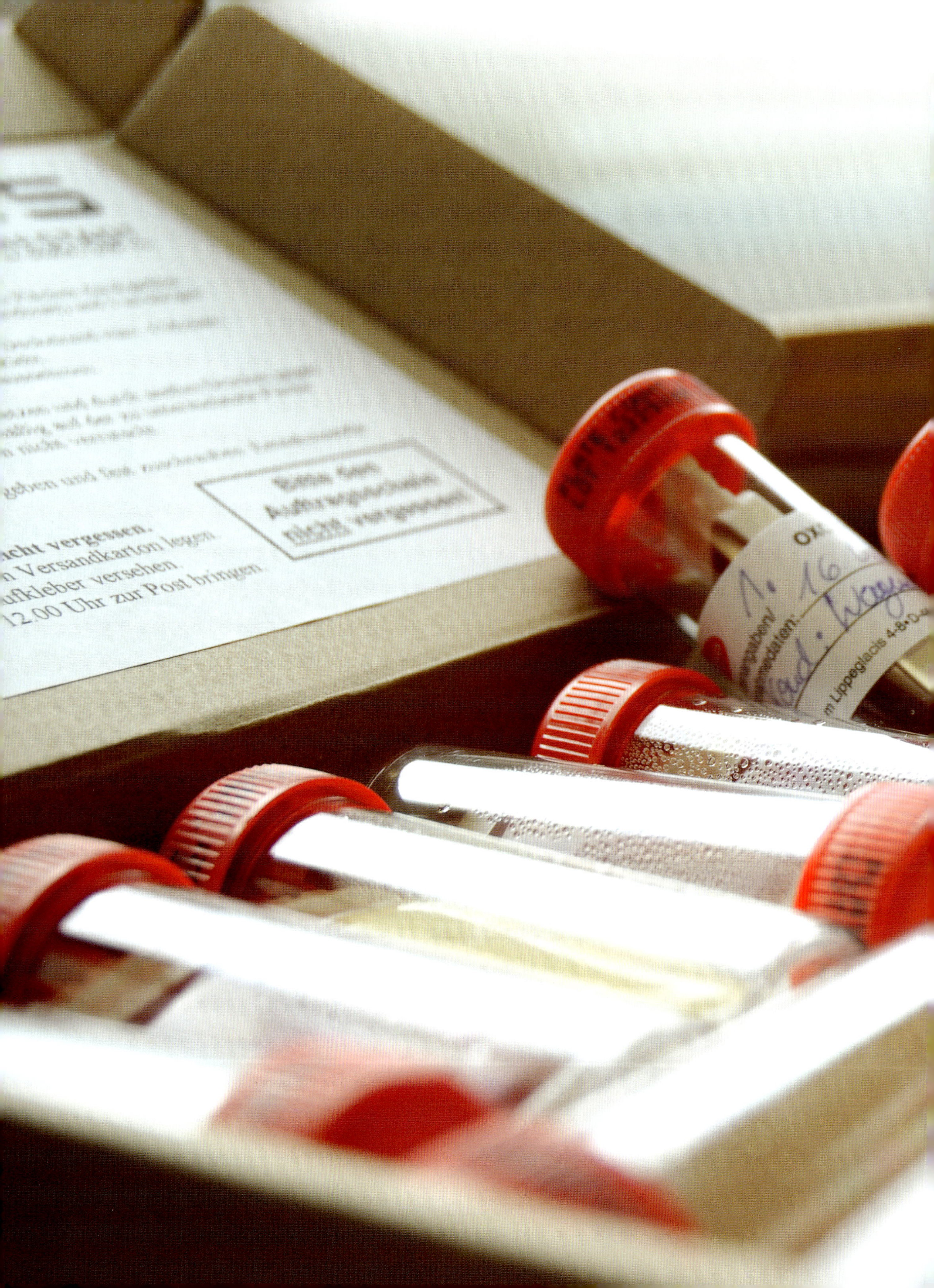
Bitte den
Auftragsschein
nicht vergessen!
icht vergessen.
n Versandkarton legen
ufkleber versehen
12.00 Uhr zur Post bringen

Die Entnahme des Speiseeises aus den Spachtelmaschinen gestaltet sich wesentlich schwieriger, da der Anwender das fertige Produkt sehr rasch entnehmen muss, um ein Antauen zu verhindern. Wurde die zu befüllende Edelstahlschale nicht vorgekühlt, kann ein Antauen des Produkts kaum verhindert werden.

Gerade während der Sommermonate bildet sich in den oftmals kleinen Eislabors eine enorme Wärme durch die Abluft der Kühlelemente oder Eismaschinen.

KOMBINIERTE GERÄTE: PASTEURISIERER UND FREEZER (EIN- ODER ZWEI-KESSEL-SYSTEM)

Solche Kombinationsgeräte eignen sich sehr gut für kleine und mittelgroße Eisproduktionen der handwerklichen Speiseeisherstellung. Leichte Handhabung und in der Regel kurze Produktionszeiten garantieren dem Anwender ein höchstes Maß an Sicherheit und Qualität. Diese Geräte werden gerne von Konditoren eingesetzt, da sie es ermöglichen, auch andere Produkte wie Schokolade, Marmelade, Pralinenfüllungen und Cremes herzustellen bzw. zu verarbeiten. Das Zwei-Kessel-System ist die bessere Variante, da hier gleichzeitig im oberen Behälter erhitzt und im unteren Behälter gefroren werden kann.

Im Ein-Kessel-System dauert der Vorgang der Pasteurisierung und des anschließenden Gefrierens wesentlich länger, da der zuerst aufgeheizte Zylinder anschließend bis in den Minusbereich abgekühlt werden muss. Der Vorteil dieser Variante ist der minimale Aufwand des Reinigens, da nur ein Kessel gesäubert werden muss.

Auch wenn das Zwei-Kessel-System hygienisch als äußerst sicher gilt, gibt es auch hier Problemzonen, die der Anwender bei der täglichen Reinigung berücksichtigen muss. Zusätzlich zu den bereits beschriebenen kritischen Stellen muss bei dieser Geräteversion der Pasteurisierkessel mit seinem Verbindungsrohr in den Gefrierzylinder gereinigt und desinfiziert werden. Dabei ist ein sorgfältiges Vorgehen erforderlich, da dieser Teil des Geräts nicht so gut einsehbar ist wie der Gefrierzylinder.

Das Rührwerk im Pasteurisierer kann in der Regel sehr einfach mit wenigen Handgriffen zerlegt werden. In der Spülmaschine lässt sich der Großteil des Schmutzes zwar entfernen, doch die Praxis zeigt immer wieder, dass sich Rückstände von Kakao oder Nüssen auf der Oberfläche ablagern können. Deshalb empfiehlt sich eine Nachbehandlung mit einer eigens für diesen Zweck bestimmten Bürste. Auch im Verbindungskanal setzten sich Rückstände ab, die sich meist nicht durch einfaches Spülen entfernen lassen. Auch hier sollte eine Reinigungsbürste eingesetzt werden. Dies setzt eine anschließende Desinfektion voraus, auf die noch ausführlicher eingegangen wird.

PASTEURISIERER

Geräte mit Mixstäben, die den Eismix in der Regel durch den Wannenboden nach oben oder – durch eine Befestigung über dem Deckel – nach unten mischen, zeigen ihre Fehlerquellen häufig nur aufgrund von schlechter Wartung oder übermäßigem Verschleiß. Es kann vorkommen, dass Schmier- und Abriebstoffe aus den Antrieben in den Eismix gelangen und so zu Verkeimung führen. Bei einem regelmäßig gewarteten und einwandfrei desinfizierten Gerät besteht für diese Bauteile allerdings keine Gefahr.

Sind zusätzlich Pumpen im Gerät vorhanden, ist die größte Fehlerquelle durch unsachgemäßes Zusammensetzen nach der Reinigung gegeben. Die meisten Teile werden beim Zusammenbau auf Ablageflächen zwischengelagert, die nicht desinfiziert wurden, und verkeimen so trotz Spülmaschine und hohen Wassertemperaturen sofort wieder. Deshalb auch an dieser Stelle der Tipp: Maschinen und Geräte immer erst kurz vor dem Benutzen desinfizieren!

Weitere Problemzonen im Pasteurisiergerät sind die Zapfstellen. Diese sind bei vielen Gerätetypen noch nicht analog spülbar. Während sich noch Eismix in der Wanne befindet, kann man prüfen, ob die Dichtungen der Ventile nicht porös sind oder schlecht sitzen. Ist dies der Fall, lassen sie Eismix – manchmal nur wenige Tropfen – passieren. Dieser Eismix setzt sich im Auslaufrohr ab und kann bei den relativ hohen Außentemperaturen schnell zur Verkeimung des gesamten Auslaufs führen, durch den die restliche Eismasse geleitet wird.

Auch der Aromenbehälter kann leicht zum Keimträger werden, wenn aufgrund seiner gelochten Oberfläche Rückstände von Aromaten wie Vanilleschoten, Zitronen- oder Orangenscheiben im Gerät verbleiben. Auch die Befestigungskette wird bei der Reinigung oftmals vernachlässigt und bringt ungewünschte Keime ins Speiseeis.

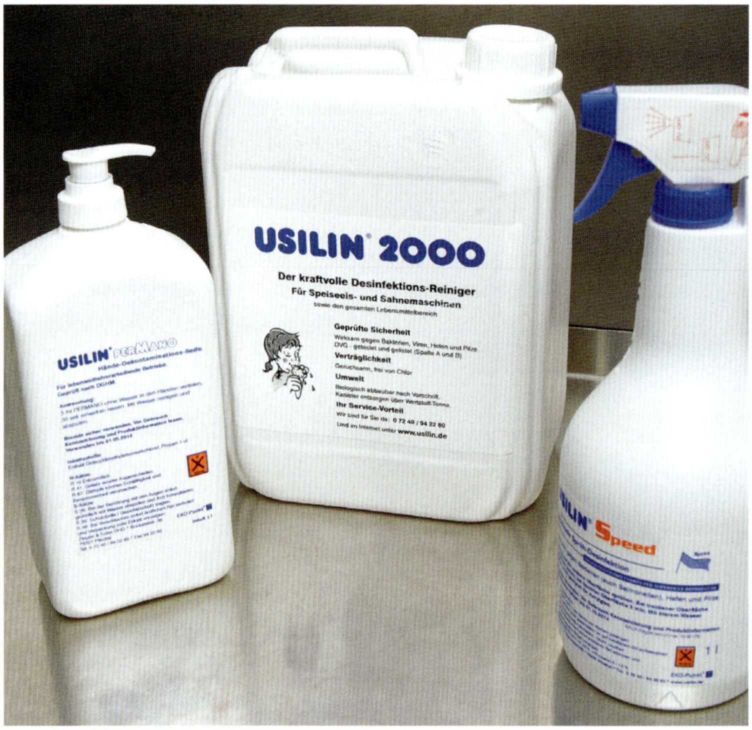

SOFTEISMASCHINEN

Softeismaschinen sind die am meisten beanstandeten Speiseeismaschinen. Beim Verbraucher ist dieses Eis oftmals als billig, verkeimt und gefährlich verschrien. Vor etwa zehn bis fünfzehn Jahren wurde in der Presse häufig über Hygieneskandale im Zusammenhang mit Softeis berichtet; seitdem hält sich der Gedanke hartnäckig, es sei gefährlich. Hauptgrund dafür waren jedoch nicht die Geräte oder der Speiseeistyp, sondern fast ausschließlich fehlendes Fachpersonal an den Verkaufsständen, das mit der Eis- sowie der Maschinentechnik keinerlei Erfahrung hatte, denn oftmals wurde Softeis branchenfremd angeboten, z. B. in Waren- und Kaufhäusern, Boutiquen oder Tankstellen. Geht man fachgerecht bei der Reinigung und Desinfektion vor, ist Softeis nicht gefährlicher als andere Arten von Speiseeis.

Häufig wird angenommen, dass zusätzliche Luft für das große Volumen des Softeises verantwortlich sei. Tatsächlich entsteht dieser Eindruck nur durch die frühzeitige Entnahme aus der Eismaschine bei einer Temperatur von etwa -5 °C. Bei dieser Temperatur hat Milchspeiseeis in der Regel das höchste Volumen erreicht.

Man kann zwei Gruppen von Softeismaschinen unterscheiden:

SOFTEISMASCHINEN MIT PUMPE

Der flüssige Eismix wird über eine Pumpe in den Gefrierzylinder transportiert. Durch das Arbeiten der Pumpe kommt es zu einer Verdichtung des Eismixes, er erhält so eine Konsistenz, durch die er während des Gefriervorganges mehr Luft aufnehmen kann.

SOFTEISMASCHINEN MIT SICKERVENTIL

Der flüssige Eismix läuft nur dann vom Aufbewahrungsbehälter in den Gefrierzylinder, wenn vorher Eis entnommen wurde. Der Eismix sickert sozusagen in die Gefrierkammer. Diese Geräte verfügen über einen kleineren Lufteinschlag als die Geräte mit Pumpe. Bei beiden Typen ist laut Maschinen-

hersteller ein Lagern des Eises auch über Nacht möglich ist. Die sogenannte „Konservierung" wird bei +4 °C im Vorratsbehälter und bei -6 °C im Gefrierzylinder durchgeführt. Theoretisch ist dies möglich, in der Praxis allerdings verleitet es den unerfahrenen Softeishersteller dazu, das Gerät nicht regelmäßig zu reinigen.

Die ordnungsgemäße Reinigung einer Softeismaschine, gerade bei Systemen mit Pumpe, erfordert viel Zeit und eine gewisse Sachkenntnis. Die zahlreichen Einzelteile fachgerecht auszubauen, zu reinigen, zu desinfizieren und wieder einzubauen ist ein aufwendiger Vorgang, der aus diesem Grund oftmals vernachlässigt wird. Ein weiteres Problem sind auch die Zapfhähne dieser Geräte. Da die Zapfhähne in der Regel nicht komplett gekühlt und auch nicht vollständig dicht sind, kommt es gerade bei höheren Außentemperaturen immer wieder zu einem Schmelzen der Entnahmereste, die vom Anwender sofort entfernt werden sollten. Dies wird aufgrund fehlender Aufklärung seitens der Maschinenhersteller häufig vernachlässigt, sodass beim nächsten Abzapfen der Eismasse das aufgetaute Softeis mit verportioniert wird.

Da es bis heute in Sachen Reinigung und Hygiene keine leicht zu handhabende Softeismaschine auf dem Markt gibt, rate ich jedem Laien von der Arbeit mit diesem Gerät ab. In einer hygienisch einwandfreien Maschine hergestelltes Softeis ist im Sommer allerdings sehr schmackhaft und findet besonders unter Kindern zahlreiche Abnehmer.

EISVITRINE

Die Verkaufsvitrine stellt hygienisch gesehen die geringsten Ansprüche. Zum Verkauf einmal auf Temperaturen zwischen -14 °C und -18 °C eingestellt, werden diese Temperaturen für gewöhnlich eingehalten.

In der Regel sind umluftgekühlte Eisvitrinen im professionellen Einsatz. Diese gewährleisten eine konstante Temperatur an nahezu allen Stellen innerhalb der Theke. Vitrinen mit stiller Kühlung (statische Kälte) sind für den Profi nicht optimal. Dabei hängen die Eisschalen in einem Kälteschleier, der stark auf die Außenwand, sowie relativ unkontrolliert auf die Unterseite einwirkt. Die Oberfläche des Eises ist häufig glänzend und schmierigweich.

Über ein mobiles digitales Thermometer kann jederzeit die aktuelle Kerntemperatur der Ware gemessen werden. Der Einstechfühler ist vor jedem Gebrauch zu desinfizieren. Infrarotthermometer arbeiten ohne Einstechfühler und messen die Temperatur an der Oberfläche der Ware.

Eine kontinuierliche Messung der Umgebungstemperatur kann mit einem Datenlogger erfolgen. Diese Aufzeichnungsgeräte haben eine Länge von 8 bis 10 cm, über den PC werden die Grenzwerte programmiert und regelmäßig ausgelesen. Die Dokumentation der Messwerte erfolgt somit papierlos, sie werden im Computer abgespeichert.

Zum direkten Ablesen innerhalb der Vitrine kann ein Thermometer benutzt werden, welches während des Verkaufs jederzeit sichtbar ist.

Einzige Besonderheit der Eisvitrinen ist der Abtauzyklus: Die Pausen zwischen den Abtauphasen können zwar manuell eingestellt werden, jedoch wird bei einigen Modellen ein Heißgas eingespritzt, das ein Abtauen der Verdampferschlangen bewirken soll. Die Dauer dieser Erhitzung wirkt sich natürlich auch auf das in der Vitrine befindliche Eis aus, die Oberfläche kann ebenfalls antauen. Dies lässt sich durch ein kurzes Aus- und wieder Einschalten der Vitrine umgehen, so startet die Sequenz von Neuem und die Kühlung wird nicht unterbrochen.

Die Vitrine sollte jeden Abend komplett ausgeschaltet werden, damit ein Abtauen sowie eine intensive Reinigung möglich sind. Das restliche Eis sollte gut abgedeckt über Nacht im Eislagerschrank konserviert werden.

PORTIONIERSPÜLE

Die Portionierspülen stellen ein erhebliches Keim-Risiko beim Eisverkauf dar. Durch das fließende Wasser entsteht der Eindruck, alle Verschmutzungen und Keime seien beseitigt. Dies ist ein Irrglaube. Hinzu kommt die Tatsache, dass häufig Schwammtücher zum Einsatz kommen, auf denen der Portionierer abgeklopft wird. Darauf befindet sich eine Vielzahl von Keimen – ein oft unterschätztes und wenig beachtetes Risiko.

Die Verunreinigungen in der Portionierspüle durch das Spülen des Portionierers lagern sich fast ausschließlich an der Wasseroberfläche ab. Durch das Eintauchen des Portionierers werden abgelagerter Schmutz sowie Keime aufgenommen. Auch die Zugabe von 1,5-prozentiger Zitronensäurelösung bei stehendem Wasser kann dies nicht verhindern, denn der Austausch des verschmutzten Wassers wird zumeist nicht häufig genug vorgenommen.

Eine patentierte Lösung für beide Probleme bieten diverse Firmen an: Es wurde ein Spülsystem entwickelt, welches den Portionierer – ähnlich wie ein Gläserspüler – beidseitig „abduscht“. Eisreste werden sofort abgespült, sodass der Portionierer nicht mehr im Schmutzwasser steht. Des Weiteren ist an dieser Edelstahlspüle eine Gummilippe installiert, an der der Portionierer abgeklopft und so die Verunreinigung des Speiseeises mit Resten von Wassertropfen komplett verhindert wird. Ein positiver Nebeneffekt ist die Einsparung von Wasser, da die Spüle nur auf Druck des Portionierkopfes reagiert und nicht ständig Wasser fließt. Dieses System ist auch als Mobilsystem mit Pumpen- und Kanisterbetrieb für Verkaufsfahrzeuge und mobile Verkaufsstände erhältlich.

MERKBLATT: PROBLEMZONEN IN EISLABOR UND VERKAUF

PROBLEMZONEN	VORGEHEN DER MITARBEITER
ABFALLBEHÄLTER	Nur Modelle mit Innenbeutel verwenden, Deckel muss sich korrekt aufsetzen lassen (Fußbedienung, keine Geruchsbelästigung und Keimentwicklung, welche sich leicht auf die Rohstoffe überträgt), regelmäßig entsorgen, regelmäßig säubern.
ARBEITSGERÄTE, EDELSTAHLSCHALEN, (CNS-EISSCHALEN)	Vor Benutzung desinfizieren, während der Arbeit gründlich zwischenreinigen, vor der Benutzung nicht für die Lagerung von fremden Stoffen benutzen.
ARBEITSFLÄCHE, TISCH	Regelmäßige Desinfektion von schwer zu reinigenden Oberflächen, nur Einmal-Wischtücher verwenden.
BINDEMITTEL	Geschlossen, ohne Luft- und Feuchtigkeitseinflüsse lagern, keine fremden Behälter verwenden, gereinigte und desinfizierte Entnahmegeräte; Wiegetechnik kontrollieren, damit Bindemittelgehalt stimmt.
EISVITRINE, VERKAUF	Temperaturkontrolle, Kontrolle der Abtauphasendauer; sicherstellen, dass das Eis nicht durch Schmutzwasser der Portionierspüle kontaminiert wird.
EISMASCHINE	Reinigen und desinfizieren (mit USILIN 2000), Maschinenteile und Dichtungen regelmäßig demontieren und desinfizieren, keinesfalls mit wiederverwendbaren Wischtüchern "säubern", regelmäßige Wartung durch qualifizierte Techniker.
EISLAGERSCHRANK	Eisschalen abdecken, keine fremden Produkte auf dem Eis lagern.
EISPASTEN	Fachgerecht lagern, keine Löffel oder Kellen im Produkt belassen (Oxidation durch Säure oder Metall); mit gereinigtem Entnahmegerät entnehmen.
FRUCHTSAUCEN	Gekühlt lagern, nicht überlagern.
EISBECHERFRÜCHTE	Gekühlte Lagerung verhindert Schimmel und Fäulnisbildung, Schneidebretter aus Kunststoff benutzen.
KÜHLSCHRANK, KÜHLTISCH, LAGERSCHRANK, LAGERTRUHE	Sortengerechte Lagerung der Rohstoffe, Dichtungen regelmäßig reinigen und desinfizieren, regelmäßige Abtauung (ansonsten entstehen ungleichmäßige Temperaturen).

PROBLEMZONEN	VORGEHEN DER MITARBEITER
MILCHSHAKER	Fachgerecht reinigen und desinfizieren, Bauteile aus angegriffenem Kunststoff falls möglich auswechseln.
OBST	Zum Reifen der Früchte diese nicht gekühlt aufbewahren, Früchte gut waschen (verhindert die Kontaminierung durch Fruchtschale), überreife Früchte nicht verwenden (Fäulnisbildung, Gärung).
PASTEURISIERER	Gleiches Vorgehen wie bei Eismaschine. Entnahmehahn reinigen und desinfizieren, Geräte entkalken (nur mit korrekter Temperaturanzeige kann korrekt pasteurisiert und gelagert werden).
PULVERISIERTE ROHSTOFFE	Luftdicht und trocken lagern, gereinigte Entnahmegeräte verwenden.
SPAGHETTI-EIS-PRESSE	Spaghetti-Form gekühlt lagern, gut reinigen, damit angetaute Eisreste nicht das nächste Spaghetti-Eis kontaminieren, fachgerechtes Reinigen und Desinfizieren der abnehmbaren Stempel, Verunreinigung durch Schmierstoffe vermeiden.
SAHNEAUTOMAT	Regelmäßige Reinigung und Desinfektion (nach jedem Arbeitstag bei Benutzung).
TK-WARE	TK-Früchte oder Eisprodukte nicht lose, sondern in geeigneten Behältern sortenrein lagern; keine Überlagerung.
WAND UND BODEN	Regelmäßige Reinigung und Desinfektion, ausreichenden Bodenabfluss sicherstellen.
ZUCKER	Luftdicht lagern, keine fremden Behälter und Entnahmegeräte verwenden.

MERKBLATT: HERSTELLPROZESS SPEISEEIS

MASSNAHMEN
Die Mitarbeiter müssen die Vorschriften zur Personalhygiene einhalten.
Die Mitarbeiter müssen vor Beginn der Arbeiten sicherstellen, dass die eingesetzten Geräte und Arbeitsplätze den hygienischen Anforderungen an das Arbeitsumfeld genügen.
Bei der Verarbeitung der Rohstoffe ist auf das Mindesthaltbarkeitsdatum zu achten. Überlagerte Waren dürfen nicht mehr eingesetzt werden.
Geöffnete Rohstoffe dürfen nur gemäß den Maßstäben der guten Sorgfaltspflicht aufbewahrt werden. Bei Zweifel an der Qualität der bereits geöffneten Rohstoffe sollten diese nicht mehr verwendet werden.
Rohstoffe und Produkte, die auf den Boden gefallen sind, dürfen nicht mehr verwendet werden; sie müssen sofort entsorgt werden.
Früchte müssen besonders sorgfältig gereinigt werden.
Die Mitarbeiter müssen nach der Arbeit mit Eiern, Früchten o. ä. die Hände mit Desinfektionsmittel reinigen, bevor weitere Arbeiten durchgeführt werden.
Arbeitsgeräte und Arbeitsplätze, die mit Eiern, Früchten o. ä. in Berührung gekommen sind, müssen vor der Durchführung weiterer Arbeiten angemessen gereinigt und desinfiziert werden.
Zum Pasteurisieren vorbereitete Massen müssen so schnell wie möglich dem Pasteurisierungsprozess zugeführt werden. Ist dies nicht möglich, müssen die Massen gekühlt werden.
Fertig pasteurisierte Produkte dürfen höchstens 90 Minuten abkühlen. Schnelle Kühlung auf unter 10 °C ist anzustreben.
Gut gereinigte Zutaten, die nicht pasteurisiert werden müssen, sollten erst unmittelbar vor dem Gefrierprozess zugegeben werden.
Eismix nach dem Abkühlen nicht über +4 °C aufbewahren. Zur längeren Lagerung müssen fest geschlossene Behältnisse eingesetzt werden.
Fertige Produkte dürfen nicht mehr mit den Händen berührt werden.

MERKBLATT: HERSTELLPROZESS SAHNE

MASSNAHMEN
Die Mitarbeiter müssen vor Inbetriebnahme des Sahneautomaten sicherstellen, dass dieser den hygienischen Anforderungen genügt.
Beim Umgang mit Sahne ist größte Vorsicht der Mitarbeiter unverzichtbar. Die Sahne muss so schnell wie möglich verarbeitet werden. Die Einhaltung der Kühlkette für diesen Rohstoff ist zu berücksichtigen.
Beim Füllen des Sahneautomaten ist unbedingt auf das Mindesthaltbarkeitsdatum der Flüssigsahne zu achten. Überlagerte Ware darf nicht mehr eingesetzt werden.
Geöffnete Sahnepackungen dürfen nur gekühlt gemäß den Maßstäben der guten Sorgfaltspflicht aufbewahrt werden. Bei Zweifeln an der Qualität der bereits geöffneten Sahnepackung darf diese nicht mehr verwendet werden.
Abgefüllte Sahne darf nicht mehr mit den Händen berührt werden.
Abgefüllte Sahne, die nicht verteilt wird, muss entsprechend den Lagervorschriften immer gekühlt werden.

MERKBLATT: MIKROBIOLOGISCHE KRITERIEN FÜR LEBENSMITTEL (STAND: MAI 2011)

Trotz der gesetzlichen Festlegung von Lebensmittelsicherheitskriterien und Prozesshygienekriterien für zahlreiche Lebensmittel bzw. Lebensmittelgruppen durch die entsprechenden Verordnungen* bestehen immer noch erhebliche Lücken, die u.a. durch Richt- und Warnwerte der DGHM (Deutsche Gesellschaft für Hygiene und Mikrobiologie) aufgefüllt werden.

Die Werte sind zwar nicht bindend, dennoch geben sie sowohl Herstellern und Inverkehrbringern als auch der amtlichen Lebensmittelüberwachung wertvolle Anhaltspunkte zur Beurteilung, da es sich hier um Empfehlungen eines kompetenten Fachgremiums handelt, zumal diese Empfehlungen unter Einbeziehung von Vertretern aus Wissenschaft und Wirtschaft erstellt wurden.

* Verordnung (EG) 2073/2005 über mikrobiologische Kriterien für Lebensmittel und Änderungsverordnung (EG) 1441/2007 und (EU) Nr. 365/2010

MERKBLATT: ANFORDERUNGEN AN BETRIEBSSTÄTTEN

1. Betriebsstätten müssen so beschaffen sein, dass

1.1 eine gute Lebensmittelhygienepraxis zum Schutz der Lebensmittel gegen nachteilige Beeinflussung gewährleistet ist;

1.2 eine Reinigung und erforderlichenfalls eine Desinfektion möglich ist;

1.3 geeignete Temperaturen für ein hygienisch einwandfreies Herstellen, Behandeln und Inverkehrbringen von Lebensmitteln herrschen.

2. Betriebsstätten müssen sauber und instand gehalten werden.

3. Es müssen in ausreichender Zahl leicht erreichbare Handwaschbecken vorhanden sein, ebenso Toiletten mit Wasserspülung, bei denen eine einwandfreie Ableitung erfolgt. Toiletten müssen mit Handwaschbecken ausgestattet sein und dürfen keinen direkten Zugang zu Räumen haben, in denen Lebensmittel hergestellt, behandelt oder in Verkehr gebracht werden.

4. Für Handwaschbecken muss eine Warm- und Kaltwasserzufuhr vorhanden sein, darüber hinaus Mittel zum hygienischen Reinigen und Trocknen der Hände.

5. Es muss eine ausreichende natürliche oder mechanische Be- und Entlüftung vorhanden sein. Mechanische Luftströmungen aus einem unreinen zu einem reinen Bereich sind zu vermeiden. Lüftungssysteme müssen so installiert sein, dass Filter und andere Teile, die gereinigt oder ausgetauscht werden müssen, leicht zugänglich sind.

6. Alle sanitären Einrichtungen müssen über eine ausreichende natürliche oder mechanische Be- und Entlüftung verfügen.

7. Betriebsstätten müssen über eine ausreichende natürliche oder künstliche Beleuchtung verfügen.

8. Die Abwasseranlagen müssen für den beabsichtigten Zweck ausreichend und so beschaffen sein, dass es nicht zu einer nachteiligen Beeinflussung von Lebensmitteln kommen kann.

9. Für ausreichende Umkleidemöglichkeiten für das Personal – soweit erforderlich – ist zu sorgen.

MERKBLATT: ANFORDERUNGEN AN RÄUME, VORRICHTUNGEN UND GERÄTE IN BETRIEBSSTÄTTEN

(im Sinne des § 2 Nr. 1 Buchstabe a Lebensmittelhygiene-Verordnung [LMHV-VO])

1. Räume in Betriebsstätten müssen folgenden Anforderungen genügen:

1.1 Die Fußböden sind in einwandfreiem Zustand zu halten und müssen leicht zu reinigen und erforderlichenfalls zu desinfizieren sein. Sofern erforderlich, sind dabei wasserundurchlässige, wasserabstoßende und abwaschbare Materialien zu verwenden. Gegebenenfalls muss auf den Fußböden eine angemessene Ableitung des Abwassers möglich sein.

1.2 Die Wandflächen sind erforderlichenfalls mit glatten Oberflächen bis zu einer für die entsprechenden Arbeitsvorgänge angemessenen Höhe zu versehen. Sie sind in einwandfreiem Zustand zu halten und müssen leicht zu reinigen und erforderlichenfalls zu desinfizieren sein. Sofern erforderlich, sind dabei wasserundurchlässige, wasserabstoßende und abwaschbare Materialien zu verwenden.

1.3 Die Decken und Deckenvorrichtungen müssen so beschaffen sein, dass Ansammlungen von Schmutz und Kondenswasser sowie unerwünschter Schimmelbefall und Ablösung von Materialien vermieden werden.

1.4 Fenster und sonstige Öffnungen müssen so beschaffen sein, dass Schmutzansammlungen vermieden werden. Können Fenster oder Zugänge ins Freie geöffnet werden, müssen sie erforderlichenfalls mit zu Reinigungszwecken leicht entfernbaren Insektengittern ausgestattet sein.

1.5 Türen und Fenster müssen leicht zu reinigen und erforderlichenfalls zu desinfizieren sein. Sie müssen gegebenenfalls mit glatten und wasserabstoßenden Oberflächen versehen sein.

1.6 Oberflächen, einschließlich der Oberflächen von Einrichtungen, die mit Lebensmitteln in Berührung kommen, sind in einwandfreiem Zustand zu halten und müssen leicht zu reinigen und erforderlichenfalls zu desinfizieren sein. Sofern erforderlich, sind für Oberflächen von Einrichtungen hygienisch unbedenkliche, glatte und abwaschbare Materialien zu verwenden.

1.7 Räume dürfen nicht für betriebsfremde Zwecke benutzt werden.

2. Zum Reinigen von Lebensmitteln müssen erforderlichenfalls geeignete Vorrichtungen vorhanden sein. Reinigungsbecken und andere für das Reinigen von Lebensmitteln bestimmte Vorrichtungen müssen je nach Bedarf über eine angemessene Zufuhr von warmem oder kaltem Wasser verfügen und sauber gehalten werden. Vorrichtungen zum Reinigen von Lebensmitteln müssen von den Handwaschbecken getrennt sein.

3. So weit erforderlich, müssen zum Reinigen und Desinfizieren von Arbeitsgeräten und Ausrüstungen geeignete Vorrichtungen vorhanden sein. Diese Vorrichtungen müssen aus korrosionsbeständigen Materialien bestehen, leicht zu reinigen sein und eine ausreichende Warm- und Kaltwasserzufuhr besitzen.

4. Über die Vorschriften der Nummern 1 bis 3 hinaus müssen Räume in Betriebsstätten, in denen leicht verderbliche Lebensmittel hergestellt oder unverpackt behandelt oder in Verkehr gebracht werden, folgenden Anforderungen genügen:

4.1 Die Fußböden müssen wasserundurchlässig und zu desinfizieren sein. Sie müssen so beschaffen sein, dass eine angemessene Ableitung des Abwassers möglich ist.

4.2 Die Wandflächen sind mit glatten, wasserundurchlässigen und abwaschbaren Materialien zu versehen.

4.3 Die Decken und Deckenvorrichtungen müssen leicht zu reinigen sein.

4.4 Fenster und Öffnungen, die ins Freie geöffnet werden können, müssen mit zu Reinigungszwecken leicht entfernbaren Insektengittern ausgestattet sein.

4.5 Türen und Fenster müssen mit glatten und wasserabstoßenden Oberflächen versehen sein.

4.6 Für Oberflächen von Einrichtungen, die mit Lebensmitteln in Berührung kommen, sind glatte und abwaschbare Materialien zu verwenden. Die Oberflächen müssen zu desinfizieren sein.

4.7 Es müssen geeignete Vorrichtungen zum Reinigen und Desinfizieren von Arbeitsgeräten und Einrichtungen vorhanden sein. Diese Vorrichtungen müssen aus korrosionsbeständigen Materialien bestehen, leicht zu reinigen sein und eine ausreichende Warm- und Kaltwasserzufuhr besitzen.

5. Die Nummern 1 bis 4 finden auf Gast- oder Speiseräume und Essbereiche in Einrichtungen zur Gemeinschaftsverpflegung oder auf Essbereiche in Ladengeschäften ohne Sitzgelegenheit keine Anwendung.

MERKBLATT: ANFORDERUNGEN AN GEGENSTÄNDE UND ARBEITSMITTEL

1. Gegenstände und Ausrüstungen, die mit Lebensmitteln in Berührung kommen, müssen

1.1 so beschaffen sein, dass sie sauber und instand gehalten sowie erforderlichenfalls desinfiziert werden können und von ihnen keine nachteilige Beeinflussung der Lebensmittel ausgeht;

1.2 so installiert sein, dass das unmittelbare Umfeld angemessen gereinigt werden kann.

2. Gegenstände und Ausrüstungen müssen sauber und instand gehalten werden.

3. Vorrichtungen und Behälter, die der Lagerung oder Beförderung von Lebensmitteln dienen, müssen so ausgerüstet und ausgestattet sein, dass die für die Verkehrsfähigkeit der Lebensmittel erforderliche Temperatur eingehalten werden kann. Sie müssen so beschaffen sein, dass eine angemessene Reinigung und, falls erforderlich, eine Desinfektion möglich ist. Sofern erforderlich, müssen angemessene Vorrichtungen zur Aufrechterhaltung und Überwachung der Temperaturen vorhanden sein.

4. Behälter für Lebensmittelabfälle und andere Abfälle müssen angemessen beschaffen, leicht zu reinigen und erforderlichenfalls zu desinfizieren sein.

MERKBLATT: REINIGUNG

WAS	WIE	WANN	DESIN-FEKTION	WER
ABFALLBEHÄLTER	Entleeren und neuen Sammelbeutel einspannen.	mindestens täglich		
	Mit heißem Essigwasser auswischen oder mit Desinfektionsreiniger (nach Herstellerangaben gemischt) reinigen; Achtung: wenn keine Beutel verwendet werden, tägliches Desinfektionsreinigen!	nach Bedarf	nach Bedarf	
ARBEITSGERÄTE	Abspülen mit heißem Spülmittelwasser oder in der Spülmaschine spülen.	nach Gebrauch		
ARBEITSTISCHE	Abspülen mit heißem Spülmittelwasser, mit klarem Wasser nachwischen und nachtrocknen. Mit Desinfektionsreiniger (nach Herstellerangaben gemischt) abspülen, mit klarem Wasser nachwischen und nachtrocknen.	täglich nach Bedarf	wöchentlich	
BEHÄLTER, PLATTEN, GEFÄSSE ZUR LAGERUNG ODER ZUM VERKAUF	Mit heißem Spülmittelwasser abspülen oder in der Spülmaschine reinigen, gegebenenfalls nachtrocknen.	nach Gebrauch		
BESEN, SCHRUBBER, REINIGUNGSUTENSILIEN	Sauber halten; Besenköpfe u. ä. in Desinfektionsreinigerlösung einlegen, danach gut trocknen lassen und regelmäßig durch neue ersetzen.		nach Bedarf	
BODEN	Mit Desinfektionsreiniger (nach Herstellerangaben gemischt) reinigen, mit klarem Wasser nachwischen; Schmutzreste entfernen, mit Bodenreiniger (nach Herstellerangaben gemischt) auswischen.	täglich	wöchentlich	
EISMASCHINE	Mit Desinfektionsreiniger (nach Herstellerangaben gemischt) reinigen, dann desinfizieren, mit klarem Wasser nachspülen.		nach Gebrauch	
GERÄTE AUSSEN	Mit heißem Spülmittelwasser abspülen und nachtrocknen.	wöchentlich, nach Bedarf		
GERÄTE INNEN	Mit Desinfektionsreiniger (nach Herstellerangaben hergestellt) ausspülen, mit klarem Wasser nachspülen.		nach Gebrauch	

WAS	WIE	WANN	DESINFEKTION	WER
GESCHIRR	In der Spülmaschine reinigen.	nach Gebrauch		
KAFFEEMASCHINE	Abnehmbare Teile mit heißem Spülmittelwasser spülen oder in der Spülmaschine reinigen.	täglich		
	Entkalken und weitere Reinigung nach Herstellerangaben.	wöchentlich		
KASSENTASTEN	Mit feuchtem Tuch abwischen (Spülmittelwasser).	täglich		
KÜHLEINRICHTUNGEN LAGER	Mit heißem Desinfektionsmittel auswischen.	nach Bedarf	wöchentlich	
KÜHLEINRICHTUNGEN VERKAUF	Mit heißem Desinfektionsmittel auswischen, gegebenenfalls nachtrocknen.	täglich		
KUNDENTISCHE	Mit heißem Spülmittelwasser abwischen, gegebenenfalls nachtrocknen.	täglich nach Bedarf		
LAGERREGALE	Abfegen; mit Desinfektionsreinigerwasser (nach Herstellerangaben gemischt) abwischen, mit klarem Wasser nachwischen und trocknen.	nach Bedarf	wöchentlich	
LAPPEN	Täglich wechseln, gegebenenfalls mehrmals; nach Gebrauch immer ausspülen und glatt aufhängen; gebrauchte Lappen in der Waschmaschine waschen (95°C; Kochwäsche).	täglich	täglich	
LÜFTUNGSGITTER	Sofern möglich mit heißem Spülmittelwasser abspülen oder in der Spülmaschine reinigen oder feucht (z. B. mit Essigwasser) entstauben.	monatlich		
MESSER-, PORTIONIERERBEHÄLTER	Mit heißem Spülmittelwasser abspülen oder in der Spülmaschine reinigen. Während des Gebrauchs dem Wasser Zitronensäure zusetzen!	täglich		
PERSONALRÄUME	Aufräumen, Flächen mit Reinigerwasser (nach Herstellerangaben gemischt) abwischen, gegebenenfalls nachtrocknen.	wöchentlich, nach Bedarf		

WAS	WIE	WANN	DESIN-FEKTION	WER
SAHNEMASCHINE	Mit Desinfektionsreinigerwasser (nach Herstellerangaben gemischt) ausspülen, dann desinfizieren; mit klarem Wasser nachspülen.		täglich nach Bedarf	
SANITÄRE EINRICHTUNGEN (WC, DUSCHE ...)	Mit Desinfektionsreinigerwasser reinigen.	täglich		
STÜHLE	Mit feuchtem Tuch abwischen (Spülmittelwasser) oder abstauben.	nach Bedarf		
TELEFONHÖRER	Mit feuchtem Tuch abwischen (Spülmittelwasser) und desinfizieren.	täglich		
VITRINEN, GLASABLAGEN, FRONTSCHEIBEN	Mit heißem Spülmittelwasser oder Glasreiniger abwaschen, nachpolieren.	täglich		
WÄNDE ALLGEMEIN	Mit Desinfektionsreinigerwasser (nach Herstellerangaben gemischt) abwischen, mit klarem Wasser nachwischen, gegebenenfalls nachtrocknen oder Hochdruckreiniger z. B. mit 2 % Chlorlösung einsetzen.		monatlich	
WÄNDE AN ARBEITSBEREICH UNMITTELBAR ANGRENZEND (FLIESEN)	Mit heißem Spülmittelwasser abwischen, mit klarem Wasser nachwischen und nachtrocknen.	täglich nach Bedarf		
WASCHBECKEN, AUSGÜSSE	Mit Desinfektionsreiniger nach Herstellerangaben gemischt auswischen, mit klarem Wasser nachspülen, gegebenenfalls nachtrocknen.		täglich	

MERKBLATT: ANFORDERUNGEN BEIM UMGANG MIT LEBENSMITTELN UND AN DAS PERSONAL

1. WARENANNAHME UND ÜBERPRÜFUNG

Lebensmittel dürfen von einer Betriebsstätte nicht angenommen werden, wenn sie erwiesenermaßen oder aller Voraussicht nach mit tierischen Schädlingen, pathogenen Mikroorganismen oder gesundheitlich bedenklichen, verdorbenen oder fremden Stoffen derart verunreinigt sind, dass sie auch nach normaler Aussortierung oder nach einer in der Betriebsstätte hygienisch durchgeführten Vorbehandlung oder Verarbeitung nicht für den Verzehr geeignet sind.

2. TEMPERATUREN

Sind Lebensmittel mit einem Hinweis auf die Einhaltung bestimmter Temperaturen gemäß § 7 oder 7 a der Lebensmittel-Kennzeichnungsverordnung versehen, so müssen diese Temperaturen bis zur Abgabe an den Verbraucher eingehalten werden. Sofern eine nachteilige Beeinflussung der Lebensmittel vermieden wird, darf kurzfristig von den angegebenen Temperaturen abgewichen werden, wenn dies beim Be- und Entladen von Beförderungsmitteln, von Lagerungs- und Aufbewahrungseinrichtungen und bei der Beförderung in der Betriebsstätte aus Gründen der Zweckmäßigkeit erforderlich ist. Gleiches gilt für ein kurzfristiges Abweichen von den vorgesehenen Temperaturen für Kühlung oder Heißhaltung bei der Zubereitung und beim Bereitstellen zum Verzehr oder zum Verkauf. Lebensmittel, die einer Kühllagerung bedürfen oder die gekühlt serviert werden, sind nach erfolgter Erhitzung oder Zubereitung so schnell wie möglich auf eine Temperatur zu kühlen, durch die die Gefahr einer nachteiligen Beeinflussung vermieden wird.

3. LEBENSMITTEL IN SELBSTBEDIENUNG

Zum Schutz vor nachteiliger Beeinflussung dürfen leicht verderbliche Lebensmittel tierischer Herkunft auf dem Wege der Selbstbedienung nur umhüllt oder abgepackt an den Verbraucher abgegeben werden. Dies gilt nicht für Lebensmittel, die in Schank- und Speisewirtschaften, in Einrichtungen zur Gemeinschaftsverpflegung und in Essbereichen in Ladengeschäften ohne Sitzgelegenheit zum unmittelbaren Verzehr abgegeben werden, sowie für Konsummilch im Einzelhandel, sofern durch Beaufsichtigung oder Schutzvorrichtungen sichergestellt ist, dass die Lebensmittel nicht nachteilig beeinflusst werden können.

4. SCHÄDLINGSBEFALL

Schädlingsbefall ist durch geeignete Verfahren zu kontrollieren, und der gegebenenfalls festgestellte Befall ist nach dem Stand der Technik sachgerecht zu bekämpfen.

5. LEBENSMITTELABFÄLLE, ANDERE ABFÄLLE, ANDERE STOFFE UND ZUBEREITUNGEN

5.1 Lebensmittelabfälle und andere Abfälle dürfen nicht in Räumen, in denen Lebensmittel hergestellt, behandelt oder in Verkehr gebracht werden, gesammelt werden, es sei denn, dies ist für den ordnungsgemäßen Betriebsablauf unvermeidbar. Sie müssen, so weit erforderlich, in verschließbaren Behältern gelagert werden. Die Behälter müssen in einwandfreiem Zustand gehalten werden.

5.2 Für die Lagerung und Beseitigung von Lebensmittelabfällen und anderen Abfällen müssen geeignete Vorkehrungen getroffen werden. Abfalllager müssen so beschaffen sein und geführt werden, dass sie sauber und frei von tierischen Schädlingen gehalten werden können und nachteilige Beeinflussungen von Lebensmitteln, des in den Betriebsstätten verwendeten Wassers und der betrieblichen Vorrichtungen vermieden werden.

5.3 Gefährliche oder ungenießbare Stoffe und Zubereitungen sind als solche auszuweisen und in abgesonderten, verschlossenen Behältnissen aufzubewahren.

6. LAGERUNG UND BEFÖRDERUNG

6.1 Vorrichtungen und Behälter zur Lagerung und Beförderung von Lebensmitteln müssen sauber und instand gehalten werden.

6.2 Werden zum Transport für Lebensmittel bestimmte Behälter zur Beförderung anderer Waren verwendet, muss sichergestellt sein, dass es dadurch zu keiner nachteiligen Beeinflussung der Lebensmittel kommt. Werden in Behältern neben Lebensmitteln zusätzlich andere Waren befördert oder werden verschiedene Lebensmittel in einem Transportbehälter gleichzeitig befördert, so sind zur Vermeidung einer nachteiligen Beeinflussung die verschiedenen Ladungsbestandteile erforderlichenfalls streng voneinander zu trennen. Behälter, die für die Beförderung anderer Waren oder für die Beförderung verschiedener Lebensmittel verwendet werden, sind zwischen den einzelnen Ladungsvorgängen erforderlichenfalls zu reinigen und zu desinfizieren.

7. PERSONALHYGIENE

7.1 Personen, die Lebensmittel herstellen, behandeln oder in Verkehr bringen, haben ein hohes Maß an persönlicher Sauberkeit zu halten und müssen angemessene, saubere Kleidung und erforderlichenfalls Schutzkleidung tragen.

7.2 Personen mit infizierten Wunden, Hautinfektionen oder Geschwüren dürfen mit Lebensmitteln nicht umgehen, sofern die Möglichkeit besteht, dass Lebensmittel direkt oder indirekt mit pathogenen Mikroorganismen verunreinigt werden.

MERKBLATT: PERSONALHYGIENE

MASSNAHMEN	
BELEHRUNG NACH INFEKTIONSSCHUTZGESETZ	Jeder Tätige, auch eine kurzfristige Aushilfe, muss vor Arbeitsaufnahme einen gültigen Nachweis über die Belehrung vorlegen. Diese kann durch jedes Gesundheitsamt erfolgen.
KÖRPERHYGIENE	Jeder Tätige muss: > den gesamten Körper täglich gründlich reinigen. > mehrmals täglich gründliche Mund- und Zahnpflege vornehmen. > Kopf- und evtl. Barthaare sauber halten. > die Fingernägel kurz geschnitten und frei von Schmutz halten. > keinen Nagellack verwenden. > Schmuck ablegen.
HANDHYGIENE	Jeder Tätige muss die Hände mit einer VAH* gelisteten Desinfektionsseife waschen: > vor Arbeitsbeginn > nach jedem Toilettengang > nach jeder Tätigkeit, die zu Verschmutzung führt. *VAH: Verbund für Angewandte Hygiene e.V. (vorm. DGHM)
KLEIDUNG, WÄSCHE	> Die Arbeitskleidung soll täglich gewechselt werden. > Straßenkleidung soll im Produktionsbereich nicht getragen werden. > Die Haare sollen mit einer Kopfbedeckung bedeckt sein.
ESSEN, TRINKEN, RAUCHEN	> Diese Tätigkeiten sind nur in extra dafür vorgesehenen Räumen zugelassen. > Anschließend müssen die Hände gewaschen werden.
MELDUNG VON ERKRANKUNGEN	Die Tätigen müssen folgende Krankheiten vor Arbeitsaufnahme melden: > Durchfall > Übelkeit > Hauterkrankungen > eiternde oder offene Wunden > stärkere Erkältungen mit Nasensekretausfluss. Das Infektionsschutzgesetz regelt den Umgang mit meldepflichtigen, ansteckenden Krankheiten. Vereinbarungen bezüglich der Erbringung einer Arbeitsunfähigkeitsbescheinigung (AU) fallen unter „firmeninterne Regelungen“.

MERKBLATT: SCHÄDLINGSBEKÄMPFUNG

MASSNAHMEN
Das Eindringen von Ungeziefer muss verhindert werden. Hierzu sind an den zu öffnenden Fenstern Fliegengitter anzubringen. Die Abflüsse müssen schädlingssicher gestaltet sein. Türen sind nach Möglichkeit geschlossen zu halten.
Die Schädlingskontrolle muss mit Sorgfalt und Umsicht durchgeführt werden. Es sollte hierbei leise und schnell verfahren werden, um den Tieren das Verkriechen zu erschweren.
Bei der Schädlingskontrolle sollte auch auf Spuren der Schädlinge geachtet werden (Kot, Fraßspuren, Kratzspuren, Häute, Eier etc.).
Zur Sicherheit sollten den möglichen Schädlingen entsprechende Fallen aufgestellt werden. Bleiben die Fallen leer, ist eine Abwesenheit des entsprechenden Schädlings wahrscheinlich.
Bei Hinweisen auf ein Vorhandensein der Schädlinge ist dies sofort einem Verantwortlichen oder der Betriebsleitung zu melden. Die Tiere sind sofort unter Anwendung angemessener Methoden zu bekämpfen. Im Zweifel sollte ein professionelles Unternehmen hinzugezogen werden.
Die Anwendung von Schädlingsbekämpfungsmitteln darf nur durch geschultes Personal erfolgen.
Bei Betreuung des Betriebes durch ein externes Unternehmen sind die Begehungsprotokolle dieses Unternehmens zu den Akten zu nehmen und aufzubewahren.

FORMBLATT: TÄGLICHE TEMPERATURKONTROLLE

(Anbringung am Gerät)

Kontrolle für Kühlgerät Nr. ______________________

Aufstellungsort: ______________________

Kontrollzeitraum: ______________________

Verantwortlichkeit: ______________________

Solltemperatur: ______________________ °C

DATUM	ABGELESENE TEMP. (°C)	ABLESER

DATUM	ABGELESENE TEMP. (°C)	ABLESER

Länger (d. h. mehr als eine Stunde) andauernde Erwärmungen der Kühleinrichtungen von mehr als 3 °C über ihre Solltemperatur hinaus müssen der Betriebsleitung gemeldet werden. Totalausfall einer Kühl-/Tiefkühleinrichtung muss der Betriebsleitung sofort gemeldet werden. Die Waren sind sofort anderweitig zu kühlen. An- oder aufgetaute Tiefkühlwaren sind zu verarbeiten oder zu entsorgen.

FORMBLATT: WARENEINGANGSPRÜFUNG

Lieferant ______________________ Beurteilungszeitraum ______________________

Firma ______________________ Verantwortlicher ______________________

Anzahl der Lieferungen (Strichliste) ______________________

BEANSTANDETE LIEFERUNGEN

NR.	DATUM	FEHLER / MASSNAHME					UNTERSCHRIFT
		TEMPE-RATUR	QUALITÄT	TRANS-PORT	VER-PACKUNG	ORGANI-SATION	

Lieferantenbeurteilung

____

GESETZE UND VERORDNUNGEN

Alle aktuellen Gesetze und Verordnungen finden Sie alphabetisch sortiert auf der Website des Bundesministeriums der Justiz:

WWW.GESETZE-IM-INTERNET.DE

Zum Beispiel:

> Zusatzstoff-Verkehrsverordnung (ZVerkV)
> Verordnung über Anforderungen an Zusatzstoffe und das Inverkehrbringen von Zusatzstoffen für technologische Zwecke
> Zusatzstoff-Zulassungsverordnung ZZulV
> Verordnung über die Zulassung von Zusatzstoffen zu Lebensmitteln zu technologischen Zwecken

Die aktuellen Leitsätze für Speiseeis und Speiseeiserzeugnisse finden Sie auf der Website des Bundesministeriums für Ernährung, Landwirtschaft und Verbraucherschutz:

WWW.BMELV.DE

PORTRAIT SYBILLE HEUEL, MITAUTORIN DES KAPITELS HYGIENE

Was Qualität bedeutet, lernte Sybille Heuel schon als Kind. Aufgewachsen in einer Bäcker- und Konditorenfamilie, verbrachte sie ihre Kindheit zwischen Schulbank, Backstube, Café und Laden. Im elterlichen Betrieb galt: „Ein Produkt kann nur so gut sein wie seine verwendeten Rohstoffe." Diese Denkweise und der äußerst hohe Qualitätsanspruch ihrer Eltern prägten ihre gesamte Einstellung, ihr berufliches Interesse und ihren Werdegang.

Sie absolvierte ein Studium der Lebensmitteltechnologie an der Fachhochschule Lemgo, was Sie weiterhin vorantrieb, sich mit den Vorzügen hochwertiger Lebensmittel – konventionell wie ökologisch hergestellt – zu befassen und unterstrich die Wichtigkeit, deren Qualität zu sichern.

Nach dem Studium beschäftigte sich Sybille Heuel intensiv mit der Qualitätskontrolle und baute ihre Erfahrungen in verschiedenen Firmen aus. Auch leistete sie Aufbauarbeit im Bereich Produktentwicklung und Qualitätssicherung und entwickelte individuelle Qualitätssicherungskonzepte mit Eigenkontrollsystemen.

Seit 2009 ist Sybille Heuel selbstständige Beraterin für Qualitätssicherung. Ihr Bestreben ist es, dazu beizutragen, den Weg der Waren von der Herstellung bis zum Verbraucher qualitativ zu sichern.

Zimt
Sauerrahm
Schoko
Vanille
Haselnuss
Straccia
White
Banane
Basilikum

07

ANHANG

FEHLERANALYSE

Die hier genannten Fehler treten häufig auf und können unter Umständen zu einem Umsatzverlust führen. Deshalb sollten sie immer direkt analysiert und abgestellt werden. Kommt es zu anderen, in diesem Buch nicht erwähnten Problemen, sollte ein Fachmann hinzugezogen werden.

BEIM ABWIEGEN UND ANRÜHREN

Der noch flüssige Eismix weist Klumpen auf.	> Die trockenen Zutaten wurden nicht gründlich genug vorgemischt oder waren feucht. > Es wurde zu viel Flüssigkeit zum „Angleichen" verwendet. Die Flüssigkeit muss reduziert werden. > Die trockenen Zutaten wurden in die Flüssigkeit gewogen. Die Reihenfolge muss geändert werden. > Es wurde kein Stabmixer zum Glattarbeiten benutzt.

BEI DER ENTNAHME AUS DEM PASTEURISIERER

Es befinden sich kleine Klumpen im flüssigen Eismix.	> Die trockenen Zutaten wurden zu früh in die noch kalte Flüssigkeit gegeben. Sie sollten später zugegeben werden, es muss eine Erwärmung auf mindestens 50 °C stattfinden.
Der flüssige Mix ist nicht homogen.	> Die Reifezeit wurde nicht eingehalten. Der Eismix muss nach Erreichen einer Temperatur von 4 °C mindestens 6 Stunden nachreifen.
Die Eier sind geronnen.	> Die Eier wurden nicht oder nicht genügend mit der Flüssigkeit verrührt. > Die falsche Temperatur wurde gewählt. Bei Eigelb sind 85 °C möglich, bei Vollei nur 65 °C. > Das Gerät ist fehlerhaft und heizt zu hoch. Ursache kann ein defektes Thermostat sein, der Kundendienst sollte gerufen werden.
Der Eismix ist übermäßig schaumig.	> Es muss eine niedrigere Geschwindigkeit des Rührwerks oder der Pumpe gewählt werden.
Der Eismix ist angebrannt.	> Eine zu hohe Temperatur wurde gewählt. Das Gerät muss neu eingestellt werden. > Das Thermostat ist defekt. Der Kundendienst sollte gerufen werden.
Teile oder größere Stücke von Vanilleschoten, Zitronen- oder Orangenschale befinden sich im Eismix.	> Ein Aromenbehälter sollte verwendet werden. > Der Eismix kann durch ein Spitzsieb passiert werden.

BEI DER PRODUKTION

Das Eis ist sehr weich und glänzt bei der Entnahme aus der Gefriermaschine.

- Das Gerät wurde nicht kalt genug eingestellt. Das Eis muss fester gefroren werden.
- Der Zuckergehalt ist zu hoch. Neu berechnen und Anteil verringern.
- Der Dextrose- oder Invertzuckergehalt ist zu hoch. Neu berechnen und Anteil verringern.
- Der Alkoholgehalt ist zu hoch oder der Alkohol wurde zu früh zugegeben.

Das Eis ist sehr fest oder zeigt keine Bindung.

- Das Gerät ist zu kalt eingestellt. Kühlung und Gefrierzeit muss reduziert werden.
- Der Zuckergehalt ist zu niedrig. Neu berechnen und Anteil erhöhen.
- Der Anteil an Trockenmasse ist zu hoch. Neu berechnen und Anteil verringern (bei Schokolade und anderen dunklen Sorten).
- Der Anteil an Wasser ist zu hoch. Neu berechnen und Anteil verringern.
- Die Gefrierzeit war zu lang, das Eis ist verbrannt. Gefrierzeit verringern.
- Das Bindemittel wurde vergessen, deshalb ist das Eis von zu rauer Konsistenz.

BEI DER LAGERUNG IM EISLAGERSCHRANK

Die Oberfläche ist ausgetrocknet.

- Eiswanne gut mit Wachspapier abdecken.

Die Oberfläche glänzt.

- Die automatische Abtauung abschalten.

Auf der Oberfläche befinden sich Eiskristalle.

- Diese sind meist wegen Vereisung des Lagerschranks herabgefallen, deshalb Lagerschrank abtauen und Oberfläche abdecken.

Trotz richtig eingestellter Lagertemperatur und Rezeptur ist das Eis zu weich.

- Der Lagerschrank muss abgetaut werden.
- Den Verdampfer durch Entfernen des Staubs reinigen.
- Gegebenenfalls den Kundendienst rufen.

BEIM VERKAUF IN DER EISVITRINE

Große Wasserkristalle auf der Oberfläche.

- Den Portionierer besser abklopfen.

Wasserkristalle im Eis.

- Das Eis hat einen zu hohen Wasseranteil. Die Rezeptur muss korrigiert werden.

Wasserkristalle im Eis und Absetzen von Wasser.	> Der Bindemittelanteil sollte erhöht oder das Bindemittel ausgetauscht werden.
Hoher Glanz auf der Oberfläche.	> Den Abtauzyklus der Eisvitrine ändern oder ausschalten. > Die Heißgaseinspritzung vom Kundendienst kontrollieren lassen.
Sehr zähes Eis mit gummiartiger Konsistenz.	> Den Bindemittelanteil reduzieren oder das Bindemittel austauschen.
Fruchteis ändert seine Farbe, wird grau oder hat einen gräulichen Farbton.	> Es ist keine oder zu wenig Säure im Eismix enthalten.

BEI DER LAGERUNG IM EISLAGERSCHRANK

Sehr kaltes Eis, unangenehmes Mundgefühl und Taubheitsgefühl im Hals und an den Lippen.	> Zuckergehalt erhöhen oder Kristallzucker teilweise gegen Dextrose austauschen.
Fett erscheinende Rückstände am Gaumen.	> Es wurde zu viel Emulgator im Eis verarbeitet oder er wurde zum falschen Zeitpunkt zugegeben.
Das Eis schmilzt zu schnell.	> Der Feststoffanteil muss überprüft und gegebenenfalls erhöht werden.

GLOSSAR DER FACHBEGRIFFE

AGAR-AGAR

Verdickungsmittel aus Grünalgen (E 406)

ARGANÖL

Öl aus den marokkanischen Argannüssen. Es enthält mehr als 80 Prozent ungesättigte Fettsäuren und gilt als das beste Speiseöl der Welt.

AZOFARBSTOFFE

Farbstoffe, die mit dem gesonderten Warnhinweis „Kann Aktivität und Aufmerksamkeit von Kindern beeinträchtigen" gekennzeichnet werden müssen.

BALSAMICO

Ein spezieller Essig aus der Region Modena/Italien.

BILANZIEREN

Berechnung der Inhaltsstoffe einer Eisrezeptur.

BINDEMITTEL – EISBINDEMITTEL

Natürliche, pflanzliche oder tierische Produkte zum Binden der Flüssigkeit in einer Masse.

CARRAGEEN

Verdickungsmittel aus Rotalgen (E 407)

CELLULOSE

Pflanzliche Fasern (Verdickungsmittel) (E 460)

CONVENIENCE

Fertigprodukte, die keine Rezeptänderungen benötigen.

DEKLARATION

Kenntlichmachen von bestimmten Qualitätsanforderungen, Zutaten oder Zusatzstoffen.

EMULGIEREN

Feinstverteilen der Fettmoleküle in einer Flüssigkeit.

EMULSIONEN

Verbindungen von Fett in Wasser oder Wasser in Fett.

GUARKERNMEHL

Verdickungsmittel aus der Guarbohne (E 412)

HOMOGENISIEREN

Gleichmäßige Verteilung der Inhaltsstoffe mit hohem Druck durch ein Homogenisiergerät.

INULIN

Natürlicher prebiotischer Wirkstoff aus der Zichorie.

JOHANNISBROTKERNMEHL

Verdickungsmittel aus den Samenkapseln des Johannisbrotbaumes (E 410)

LAKTOSE

Ein Milchzucker, der in Frischmilch mit einem Anteil von 4 bis 5 Prozent enthalten ist.

OVERRUN

Lufteinschlag bei der Eisproduktion. Der Overrun bezeichnet die Volumenzunahme in Prozent zwischen dem Einfüllgewicht, gemessen in Gramm, und dem Endprodukt, gemessen in Liter.

PARFAIT

Halbgefrorenes Eis, z. B. Fürst-Pückler-Eistorte. Eigelb und/oder Eiweiß wird aufgeschlagen, geschlagene Sahne und Geschmackszutaten untergehoben und anschließend eingefroren.

PROTEIN

Eiweiß aus Milch (Milchprotein), Hühnerei oder Pflanzen (Erbsenprotein, Soja, Lupinenprotein).

REIFEN

Die Reifezeit ist eine Ruhepause des Eismixes bei einer Temperatur von +4 bis +6 °C mit regelmäßigen, langsamen Rührintervallen. Mindestdauer im Pasteurisiergerät: 6 Stunden.

SEMIFREDDO

Aus dem Italienischen stammendes Wort für „Halbgefrorenes“.

SORBET

Eine Art Fruchteis mit mindestens 25 Prozent Fruchtgehalt. Sorbet kann portioniert oder dressiert werden. Die Zugabe von Sekt oder trockenem Wein ist möglich. Auf Milch oder deren Bestandteile sollte verzichtet werden.

TRAGANT

Asiatisches pflanzliches Verdickungsmittel (Sterculiaceae) (E 413)

TROCKENMASSE

Die Gesamtheit der trockenen und pulverförmigen Bestandteile, auch Milchtrockenmasse.

VARIEGATO (MARMORIERER)

Eingedickte Zubereitung aus Frucht- oder Dessertsaucen zum Marmorieren von Eis. In der Regel haben Marmorierer einen erhöhten Zuckergehalt, um im fertigen Eis nicht so stark zu gefrieren.

XANTHAN

Pflanzliches Verdickungsmittel, aus zuckerhaltigen Substraten gewonnen (E 415).

ZELLULOSE

Ein unverdaulicher Zellstoff, der durch das Verdichten von Stärke entsteht. Es handelt sich um Ballaststoffe aller Art.

ZUR ROSE ABZIEHEN

Erhitzen von Milch und Eiern, bis diese ihre Bindekraft entfalten. Die angestrebte Temperatur liegt bei etwa 85 °C.

REGISTER EISREZEPTUREN

Ananas-Variegato 194
Apfeleis 128
Apfel-Sellerie-Eis 139
Apfel-Variegato / Oma´s Apfelkucheneis 194
Aprikoseneis 128
Arganöleis 144
Bananeneis 126
Bananen-Schokoladen-Eis 164
Basilikumeis 148
Basilikum-Safran-Eis 151
Bier/Schwarzbier-Eis 156
Brownie-Eis 167
Buttermilcheis 122
Café-Cappuccino-Eis 168
Caipirinha-Eis 129
Cashew-Milcheis 107
Cassiseis 129
Cassis-Variegato 194
Cheesecake-Eis 125
Cranberry-Balsamico-Eis 147
Eierlikör-Eis 159
Eistorte Splittereis 202
Energyeis mit Wodka 160
Erdbeereis 131
Erdbeer-Variegato 195
Erdnuss-Milcheis 107
Feigen-Dattel-Balsamico-Eis 147
Fruchteis laktosefrei Grundrezeptur 183
Fruchteismix für den Pasteurisierer 186
Fruchtmousse 206
Gekochte Haferflocken 169
Glühwein-Eis 161
Grundmasse Milcheis 187
Gurkeneis 140
Haferflocken-Eis 169
Haselnuss laktosefrei 182
Haselnuss-Milcheis 104
Heidelbeer-Variegato 196
Himbeereis 131
Himbeer-Variegato 195
Honig-Anis-Eis 151
Joghurteis natur 3,5 % 116
Joghurt-Erdbeereis 118
Joghurt-Heidelbeereis 119
KaBuBa-Eis
(Karotte, Buttermilch, Banane) 124
Kaltgelee 205
Käse-Sahne-Eis 125
Kirsch-Bananen-Eis 170
Kirscheis 137
Kirsch-Variegato 196
Kokosnuss-Milcheis 114
Kürbiseis 140
Kürbiskernöl-Eis 152
Limetteneis 137
Macadamia-Milcheis 109
Malaga-Milcheis 159
Mandel-Milcheis 108
Mangoeis 135
Mascarponeeis 122
Minzeis 153
Mohn-Marzipan-Eis 170
Nugat-Milcheis 115
Oma´s Apfelkuchen-Eis 173
Orangeneis 135
Orangen-Variegato 196
Passsionsfrucht/Maracujaeis 132
Pekannuss-Milcheis 110
Piña-Colada-Eis 160
Pinienkern-Milcheis 113
Pistazien-Milcheis 110
Praliné-Milcheis 115
Prosecco-Sorbet 161
Quarkeis mit Sesamkaramell 123
Quitteneis 132
Rahmkaramell-Eis 173
Rahmkaramell-Variegato /
Karamell-Sesam 199
Rosen-Eis 174
Rote-Bete-Eis 143
Rote-Grütze-Variegato 192
Rübli-Eis 141
Rum-Krokant-Eis 162
Sahnejoghurteis 10 % 119
Sanddorneis 133
Sauerrahmeis 121
Schafsmilcheis Grundrezept 184
Schmandeis 121
Schokolade laktosefrei 182
Schokoladen-Cremeeis 96
Schokoladen-Milcheis 98
Schokoladen-Milcheis mit Kuvertüre 99
Schokoladen-Milcheis mit Kuvertüre extra 100
Schokoladen-Orangen-Milcheis 101
Schokoladenpaste 98
Schokoladen-Sorbet 101
Schwarzwälder-Kirsch-Eis 163
Sesam-Eis 178

Softeis Erdbeer 191
Softeis Joghurt natur 3,5 % 188
Softeis Schokolade 190
Softeis Vanille 190
Stracciatella-Eis 174
Tiramisu-Eis 124
Tomateneis 141
Tonkabohneneis 153
Trüffel-Crisp 177
Trüffel-Variegato 199
Vanille-Cremeeis 95
Vanille laktosefrei 180
Vanille-Milcheis 92
Vanille-Milcheis klassisch 90
Vanille-Milcheis mit Vollei 95
Vanilleparfait 205
Vanillepaste 92
Vollmilch-Schokoladen-Milcheis 100
Walnuss-Milcheis 113
Wassermeloneneis 133
Weintraubeneis hell und rot 136
Weiße-Schokolade-Matchatee-Milcheis 103
Weiße-Schokolade-Milcheis 103
Weisses-Kaffee-Eis 178
Wiener-Mandel-Milcheis 109
Ziegenmilcheis Grundrezept 184
Zimteis 155
Zitroneneis 136
Zitronen-Variegato 199

BEZUGSQUELLEN

ABFÜLL- UND VERPACKUNGSTECHNIK

GASTRO-EIS-TEC
Sven Deutgen GmbH
Brandenbusch 9
29320 Hermannsburg
www.gastro-eis-tec.de
info@gastro-eis-tec.de
+49 (0) 5052 – 3358

BIO EIS ROHSTOFFE

32°FAHRENHEIT
Alfred Pfersich GmbH & Co. KG
Messerschmittstraße 23
89231 Neu-Ulm
www.32fahrenheit.de
info@32fahrenheit.de
+49 (0) 731 – 7079 149

CLEAN LABEL EISROHSTOFFE & FRUCHTPÜREE

GOURMEGO GMBH & CO. KG
Gahlenfeld Str. 33
58318 Herdecke
www.gourmego.de
info@gourmego.de
+49 (0) 231 – 3952 496

CONSULTING UND WORKSHOPS

KOCH'S EISFACHSCHULE GMBH
Steinerstrasse 47
59457 Werl
www.eisfachschule.de
info@eisfachschule.de
+49 (0) 2922 – 8073832

KOCH'S EISMANUFAKTUR
Steinerstr. 47
59457 Werl

DESINFEKTIONSMITTEL

USILIN, BEZUG ÜBER SPEISEEISFACHHANDEL
www.usilin.de

DUSCH- UND REINIGUNGSANLAGEN

GEPETTO EIS GMBH
Visbeker Str.51
27793 Wildeshausen
www.geppetto-eis.de
info@geppetto-eis.de
+49 (0) 4431 – 94 55 606

ESPRESSO MASCHINEN

NOVARREDO
Pierantognetti & Vio GmbH & Co KG
Mausegatt 63
44866 Bochum-Wattenscheid
www.novarredo.de
michele@novarredo.de
+49 (0) 2327 – 8 90 56 / 57

FORMEN & DEKO ZUBEHÖR

CARDIN-DEKO SHOP
www.cardin-deko.de

FROZEN JOGHURT & SOFTEISKONZEPTE

WITT TRADING GMBH
Am Kleingewerbegebiet 20
15745 Wildau (Berlin)
info@polartwist.de
www.polartwist.de
+49 (0) 3375 – 56 26 0

HYGIENEMANAGEMENT

SYBILLE HEUEL
Dipl.-Ing. Lebensmitteltechnologie
Richterstraße 52
44357 Dortmund
www.qs-heuel.de
info@qs-heuel.de
+49 (0) 231 – 3797506

SCHLAGSAHNEAUTOMATEN

VAIHINGER GMBH
Horstweg 29
65520 Bad Camberg - Erbach
www.sanomat.com
info@sanomat.com
+49 (0) 6434 – 9405-0

SPAGHETTIEIS-PRESSEN

GEPETTO EIS GMBH
Visbeker Str.51
27793 Wildeshausen
www.geppetto-eis.de
info@geppetto-eis.de
+49 (0) 4431 – 94 55 606

SPEISEEISMASCHINEN/PASTEURISIERER

ALFRED PFERSICH GMBH & CO. KG
Messerschmittstraße 23
89231 Neu-Ulm
www.32fahrenheit.de
info@32fahrenheit.de
+49 (0) 731 – 7079 149

WITT TRADING GMBH
Am Kleingewerbegebiet 20
15745 Wildau (Berlin)
info@polartwist.de
www.polartwist.de
+49 (0) 3375 – 56 26 0

FACHHANDEL ÖSTERREICH

STÖLNER GMBH
Burggasse 120
A-1070 Wien
www.stoelner.at
verkauf@stoelner.at
+43 (0) 2742 – 36 22 2

DANKE

Als Autor steht zwar mein Name auf dem Cover, aber allein hätte ich dieses umfangreiche Buchprojekt nie bewältigt bekommen. Deshalb gebührt mein Dank so vielen Menschen für ihre Hilfe in Wort und Tat.

Im Besonderen zu nennen wären da:

Der Zoo Hannover, vertreten durch Herrn von Ahlen, Herrn Nicolai und Herrn Weinhart, die uns die tollen Aufnahmen ermöglicht haben.

Sybille Heuel, die sich sehr im Bereich Hygiene engagiert hat.

Mein starkes Team von der Eisfachschule, insbesondere meine Tochter Janin, sowie Matthias Schulte – beide halten mir oft den Rücken frei.

Mein Freund Stefan Hühne und seine Frau Vivien, die mich immer wieder, auch privat, tatkräftig und mit erstklassiger Kost versorgt haben.

Der super Fotograf Markus Nilling und sein schwarzes Team. Mit viel Geduld haben sie das ständig schmelzende Eis nochmals „belichtet".

Bruni Thiemeyer und Julia Bauer vom Matthaes Verlag. Mit Ihren positiven Einflüssen und sanftem Druck haben sie dafür gesorgt, dass ich vor lauter Einfällen die Deadline nicht vergesse.

Selbstverständlich alle „Probanden". Ihnen hat die Suppe, die ich ihnen eingebrockt habe, nicht immer geschmeckt.

Und vor allem mein Wegbereiter, Mentor und Lehrmeister, Herrn Josef (Jupp) Bücker, vom Café Spetsmann, sowie mein Freund Renzo Fontanella. Beide weilen leider nicht mehr unter uns, haben aber sicher noch ein Auge auf uns.

Enden möchte ich mit einem Zitat von „Jupp", das er anlässlich meiner Meisterfeier verlas:

„Meister ist, der etwas kann
Geselle ist, wer etwas begann
Doch Lehrling bleibst du dein Leben lang!"

Euch allen gilt mein lieber Dank!

PORTRAIT VON UWE KOCH UND SEINER EISFACHSCHULE

Seit 1997 leite ich die Eisfachschule mit Sitz in Werl, vormals Iserlohn. Mit dem Ziel, Eisrohstoffe, Gerätschaften und Einrichtungen für den handwerklichen Speiseeishersteller zu vertreiben, gründete ich im Jahre 2000 das passende Handelsunternehmen. Viel zu spät wurde mir bewusst, dass der Vertrieb für Eisrohstoffe den Umgang mit natürlichen Produkten blockiert. Aus diesem Grund habe ich das Handelsunternehmen 2010 verkauft, um mich von selbst auferlegten Zwängen befreien zu können.

Als gelernter Konditormeister durfte ich stets in guten Häusern wirken; meine Reise führte unter anderem für zwei Jahre nach Gran Canaria, wo ich als Abteilungsleiter für Patisserie, Konditorei und Bäckerei in einer deutschen Hotelkette beschäftigt war.

Nach der Rückkehr nach Deutschland beendete ich mein Dasein als Angestellter mit dem 1991 angemeldeten Gewerbe zum „rasenden Konditor“, um meine erworbenen Fähigkeiten als Freiberufler anbieten zu können. Schnell wurde ein italienischer Eismaschinenhersteller auf meine Dienste aufmerksam, und nach ausgiebiger Einarbeitung in Bau und Konzept seiner Geräte, verbunden mit einem mehrere Monate dauernden Aufenthalt im Eismaschinenwerk, reiste ich von Einsatz zu Einsatz rund um die Welt. Auf beinahe allen Kontinenten dieser Erde durfte ich Kollegen im Umgang mit Eis- und Konditoreigeräten schulen. Da meine Engagements immer zeitlich begrenzt waren, war es mir möglich, nebenbei in die Produktentwicklung für Eis- und Konditoreirohstoffe „hineinzuschnuppern“: Ein bis heute sehr hilfreiches Wissen, da ich dort Produkte und Grundzutaten für die spätere Weiterverarbeitung aus dem Blickwinkel der Lebensmittelriesen kennenlernen durfte.

Die vielen Reisen ins In- und Ausland, das Leben auf der Überholspur, blieben nicht ohne negative Folgen. Aus diesem Grund gründete ich die private Eisfachschule in Iserlohn. Pro Jahr reisten zwischen 100 und 200 Schülerinnen und Schüler an, um an den Fachseminaren teilzunehmen oder sich in Sachen Produkt, Konzeption und Verkauf coachen zu lassen.

Entgegen meinem ursprünglichen Plan bot sich dann die Gelegenheit, Räumlichkeiten für ein eigenes Eiscafé anzumieten. Darin gibt es allerdings keinen Platz für ein eigenes Eislabor, doch die räumliche Nähe zur Eisfachschule mit Produktionsräumen und reichlich Technik ist nahezu perfekt. Mit Hilfe von Freunden und Förderern, Familie, Handwerkern und Nachbarn konnte Anfang 2011 nicht nur die Eisfachschule in Werl eröffnet werden, sondern bald danach auch das Café „Eismanufaktur“, das seither Eisliebhaber aus ganz NRW anzieht. Bereits im August desselben Jahres musste ein Teil der Eisproduktion in einer stillgelegten Kantine in Werl untergebracht werden. Die Nachfrage von gastronomischen Betrieben nach unserem Eis war so stark angestiegen, dass die Eisfachschule an die Grenzen ihrer Kapazität geriet.

Analog zur Arbeit an diesem Buch arbeite ich an einem Konzept, das Eis der Manufaktur in handliche Becher abzufüllen und an Endverbraucher oder Zwischenhändler zu vertreiben.

Sie sehen, für einen Eismacher gibt es immer wieder neue Herausforderungen …

MATTHAES

Ein Imprint der Dorling Kindersley Verlag GmbH

DK | Penguin Random House

Texte und Rezepturen	Uwe Koch
Hygieneteil	Uwe Koch und Sybille Heuel
Lektorat	Dr. Ulrike Strerath-Bolz und Julia Bauer
Gestaltung	Doris Alteneder, Büroecco
Fotografie und Repro	Markus Nilling, FotoDesign
Einzelbildnachweis	S. 10 Scherl, Süddeutsche Zeitung Photo, S. 22 Karin Gabler, S. 29 iStock (©Elena Kalistratova), S. 32 iStock (©Roksana Bashyrova), S. 35 iStock (©red_lion_09), S. 36 iStock (©Suljo), S. 88 iStock (©Loops7), S. 90 iStock (©amriphoto), S. 104 iStock (©RedHelga), S. 114 iStock (©Alexey Popov), S. 116 iStock (©milanfoto), S. 126 iStock (©Sergey Valuykin), S. 129 iStock (©Mark_VB), S. 132 iStock (©esemelwe), S. 137 iStock (©Josef Mohyla), S. 139 (©MorePixels), S. 141 iStock (©Antagain), S. 143 iStock (©Kryczka), S. 169 iStock (©Kryczka), S. 234 32 Fahrenheit GmbH, S. 235 32 Fahrenheit GmbH, S. 236 32 Fahrenheit GmbH, S. 239 fotolia (©mninni), S. 244 iStock (©Troels Graugaard), S. 253 Anke Sundermeier, S. 254 Anke Sundermeier, S. 257 Anke Sundermeier, S. 275 Anke Sundermeier
Projektbetreuung	Bruni Thiemeyer
Druck und Bindung	Finidr, s.r.o., Tschechien

MIX
Papier | Fördert gute Waldnutzung
FSC® C018179
FSC www.fsc.org

ISBN 978-3-98541-018-7

5902-970363-22475-02

www.dk-verlag.de

Hinweis

Die im Buch veröffentlichten Texte und Rezepte wurden mit größter Sorgfalt vom Verfasser und dem Verlag erarbeitet und geprüft. Eine Garantie kann jedoch nicht übernommen werden. Ebenso ist die Haftung des Verfassers und/oder des Verlags und seiner Beauftragten für Personen-, Sach- und Vermögensschäden ausgeschlossen.